I0067679

KNODERER 1980

La plus heureuse invention reste sans fruit pour la société, si son utilité n'est pas connue, si son usage n'est pas encouragé par les Grands, par les Magistrats, par les Citoyens d'élite, qui s'occupent du bien public & de l'intérêt de l'Etat. C'est sous ce point de vue qu'on présente avec confiance cet Ouvrage qui annonce de gradns avantages pour l'humanité.

A Monsieur de Borry, chef d'Escadre des armées Navales, de l'academie royale des sciences de Paris

POMPES
SANS CUIRS.

POMPES
SANS CUIRS.

DESCRIPTIONS, Propriétés & Figures gravées en taille-douce, des nouvelles Pompes ſans cuirs, *de l'invention de* M. DARLES DE LINIERE, *Ecuyer, qui les a primitivement préſentées pour le ſervice de la Marine, & ſucceſſivement appropriées pour les incendies & tous autres uſages.*

A PARIS,

A la Manufacture Royale deſdites Pompes, rue neuve Saint Gilles, au Marais.
Et chez ANTOINE BOUDET, Imprimeur du Roi, rue Saint Jacques.

M. DCC. LXVIII.

AVEC APPROBATION ET PERMISSION.

A MONSEIGNEUR

LE COMTE DE CHOISEUL,

DUC DE PRASLIN,

Pair de France, Chevalier des Ordres du Roi, Lieutenant Général de ses Armées & de la Province de Bretagne, Ministre & Secrétaire d'Etat ayant le Département de la Marine, & Chef du Conseil Royal des Finances.

MONSEIGNEUR,

Je supplie, VOTRE GRANDEUR, de permettre que je publie sous ses auspices, les descriptions & les propriétés circonstanciées des Pompes de mon invention, dont les avantages pour le service de la Marine, ont été constatés en votre présence & par les diverses expériences que vous avez ordonnées; votre suffrage, MONSEIGNEUR, manifestera l'utilité de ces Pompes.

Je suis avec un très-profond respect,

MONSEIGNEUR,

DE VOTRE GRANDEUR,

Le très-humble & très-obéissant Serviteur
DARLES DE LINIERE.

DESCRIPTIONS
ET PROPRIÉTÉS
DES
NOUVELLES POMPES
SANS CUIRS.

INTRODUCTION.

'USAGE des Pompes eſt devenu indiſpenſable dans la ſociété, & la ſureté de leur ſervice, jointe à l'abondance de leur produit, eſt un objet important, particulierement dans la partie de la Marine & des Incendies, où ces Machines peuvent ſauver journellement la vie & les biens d'une multitude d'hommes.

Ce ſont ces conſidérations qui m'ont animé

& ſoutenu dans les longues recherches, par leſquelles je devois parvenir à rectifier les défauts inſéparables de la conſtruction des Pompes connues juſqu'ici, qui toutes ont plus ou moins les mêmes défectuoſités, en ce qu'elles ſont néceſſairement garnies de cuirs, & qu'elles ont indiſpenſablement des étranglemens d'eau qui réſultent de leur forme.

Ces Pompes ont été primitivement appropriées & propoſées pour le ſervice de la Marine.

Celles que j'ai heureuſement imaginées & que j'ai propoſées pour le ſervice de la Marine, ſont abſolument ſans cuirs, & ſans étranglement d'eau. Elles ont mérité l'attention du Miniſtere, & peut-être que jamais les propriétés d'une invention nouvelle n'ont été auſſi ſoigneuſement examinées & auſſi authentiquement conſtatées.

Filiation des examens & expériences authentiques, qui ont conſtaté les propriétés de ces Pompes.

Le privilége excluſif de mes Pompes, accompagné de Lettres Patentes, m'a été accordé en 1763, à la ſuite de diverſes expériences ordonnées par M. le Duc de Choiſeul alors Miniſtre de la Marine. Le Parlement a ordonné de nouveaux examens avant l'enregiſtrement des Lettres Patentes : d'autres expériences ont été ſucceſſivement ſoutenues pendant le courant de dix-huit mois, à Breſt & à Paris, en mer comme ſur terre, par les principaux Officiers de la Marine du Roi, des Commiſſaires Ordonnateurs de Marine, des Ingénieurs en chef conſtructeurs de vaiſſeaux, & ſix Membres de l'Académie Royale des Sciences de Paris, tous nommés à cet effet, par M. le Duc de Praſlin, Miniſtre de la Marine, qui a honoré de ſa préſence l'une de ces principales épreuves.

C'eſt à la ſuite de toutes ces expériences que le Miniſtre en 1767, m'a paſſé un marché de la fourniture de mes Pompes à épuiſement pour les Vaiſſeaux du Roi, & de celles à incendie, pour la conſervation des Magaſins & Arſenaux de S. M. dans ſes Ports.

Le Miniſtre a adopté ces Pompes pour le ſervice des Vaiſſeaux du Roi & pour celui des Incendies dans ſes Ports.

L'expérience qui en a été enſuite faite en préſence du Roi à Verſailles a été inſérée dans la Gazette de France du 11 Décembre 1767.

Elles ont été expérimentées en préſence de Sa Majeſté.

D'autres épreuves ſe ſont ſuccédées à Marſeille, à Montpellier, à Cête, à Bordeaux, à la Rochelle, au Hâvre, à Rouen, à Angers, à Amiens, &c. par-tout les mêmes propriétés ont été reconnues & authentiquement conſtatées.

Les expériences qui ont été faites chez l'Etranger m'ont mérité les Priviléges excluſifs de la plus grande partie des autres Puiſſances de l'Europe.

On voit qu'il ne s'agit pas ici d'une de ces inventions annoncées par de vagues allégations, ou ſur des certificats mendiés & toujours équivoques; c'eſt l'utilité publique, Loi ſuprême que le Miniſtère ne perd jamais de vue, qui l'a déterminé à prendre les plus exactes précautions, pour ſe prémunir contre toute erreur ſur l'expoſé des avantages de mes Pompes; particulierement eu égard à leur ſervice pour la Marine, & les Incendies. Il ſemble que de pareilles authenticités doivent naturellement faire ceſſer toute incertitude chez le Citoyen, & le prémunir contre les manœuvres & les criailleries ordinaires des envieux & des antago-

Les précautions priſes par le Miniſtere pour s'aſſurer de la réalité des avantages de ces Pompes, doit faire ceſſer toute incertitude à ce ſujet.

niſtes, avec leſquels je me ſuis fait une loi de garder un ſilence profond, & de n'entrer jamais dans aucune eſpece de concurrence, toujours indécente aux yeux des perſonnes cenſées. Des déclamations aventurées ne feront jamais un titre contre des faits conſtatés par ordre du Gouvernement, dans une longue ſuite d'expériences renouvellées ſous les yeux des plus grands Mathématiciens du Royaume, Officiers de Marine & Académiciens.

Elles ſont appliquables à tous uſages, & agiſſent par toute eſpece de moteur.

La forme & la mécanique de mes Pompes, ſont de la plus grande ſimplicité. Elles ſont applicables, comme les Pompes ordinaires, à toute eſpece de moteurs, tels que les hommes, les chevaux, les chutes d'eau, la puiſſance des vents, les machines à feu; mais elles ont la faculté que n'ont pas les autres Pompes de travailler dans les eaux chargées de ſable, de vaſe, d'ordure, dans les eaux corroſives, avec la même ſureté de ſervice que dans les claires & limpides.

Elles travaillent dans les eaux corroſives comme dans celles chargées de vaſes, de ſable.

Sans avoir en vue de m'étayer ſur des certificats; je crois devoir citer ici celui d'un grand Prince, en date du 11 Décembre 1765; il y eſt dit que, quatre de mes Pompes ont travaillé ſans relâche nuit & jour pendant ſix mois, à épuiſer les eaux chargées de boues, de ſable & de gravier, des fondations d'un de ſes Palais à Paris, ſans que ces Pompes ayent éprouvé la moindre altération par ce travail, d'où elles ont été tirées comme neuves; ces faits ſont atteſtés dans ce certificat par les Architecte & Controlleur des bâtimens du Prince.

Certificat à ce ſujet.

Dans les Procès-verbaux des expériences de

Meſſieurs les Officiers de la Marine du Roi, & ſucceſſivement de Meſſieurs les Académiciens, dont M. de Parcieux, l'un d'entr'eux, a particulierement rendu compte au Miniſtre; il a été conſtaté que mes Pompes à épuiſement appropriées pour la Marine de Guerre, portant l'eau à 25 ou 26 pieds, donnent par dix hommes, au moins ſept barriques d'eau par minute (la barrique du poids de 500 livres), & que celles des Navires Marchands qui ſont appropriées pour agir par un ſeul homme, portant l'eau de 15 à 16 pieds, donnent quarante-cinq à cinquante barriques par heure, conformément à ce que l'annoncent les Mémoires imprimés. Quelle énorme différence de ce produit, à celui des Pompes actuelles de ces Navires, qui donnent difficilement quinze barriques par trois hommes, dans la même heure!

Produit de ces Pompes pour les Vaiſſeaux de Guerre & pour les Navires Marchands, conſtaté par les procès-verbaux.

Les fatigues qu'occaſionnent ces Pompes, accablent les Matelots; bientôt ils ne peuvent ſuffire aux manœuvres, les marchandiſes ſont avariées; heureux ſi l'on eſt à portée de s'échouer. Combien d'hommes & de vaiſſeaux ont péri, faute de Pompes d'un produit abondant, & d'un ſervice toujours aſſuré, telles que ſont celles dont il s'agit?

Inconvéniens des Pompes actuelles des Navires Marchands.

Dans la partie des Pompes à incendie, quels ravages la ſociété n'éprouve-t-elle pas journellement par leurs défectuoſités? Il en eſt certainement de parfaites dans leur genre, dont la compoſition a été dirigée par des ſçavans; mais preſque toutes ſont l'ouvrage de quelques Artiſtes entreprenants

Réflexions ſur les inconvéniens des Pompes à incendie uſitées.

& preſque toujours ſans principes. Il s'en trouve toutefois de bonnes dans leur eſpece & bien exécutées; mais la plûpart, étant trop petites, ne donnent qu'un filet d'eau plus propre à attiſer qu'à éteindre; d'ailleurs, leur jet n'eſt preſque jamais ſoutenu, il ne ſe fait que par éjaculation, enſorte qu'une grande partie de l'eau, retombe avant d'atteindre l'endroit enflammé.

Suite de ces inconvéniens.

Pour parvenir à les mettre en action, il faut employer un tems précieux à les amorcer, à y vuider une multitude de ſeaux d'eau pour les abreuver. Les cuirs dont elles ſont garnies ſont d'abord appropriés avec ſoin par l'Artiſte, mais bientôt ils ſe renflent dans le jeu de la Pompe. Dès qu'ils ſont un peu trop renflés, la réſiſtance par les frottemens devient terrible, ces cuirs ſe déchirent, ſe dérangent. Sont-ils trop deſſéchés? la Pompe ne donne que peu ou point d'eau. Cette eau eſt-elle chargée de vaſe, de quelques ordures? les Pompes s'engorgent, elles ceſſent d'agir, l'incendie s'étend, tout eſt conſumé.

Réflexions ſur les inconvéniens des Pompes ordinaires à tous les uſages.

Les mêmes inconvéniens ont lieu plus ou moins avec les Pompes actuelles à tous les uſages, parce que toutes ſont néceſſairement garnies de cuirs, parce que toutes ont des étranglemens qui diminuent conſidérablement leur produit; ces inconvéniens qui néceſſitent une grande augmentation de force, & par conſéquent de dépenſes pour les tenir en action, ont été ſupportés patiemment, parce qu'on les a cru de l'eſſence des Pompes & inſéparables de leur conſtruction.

Dans les divers uſages que l'on fait des Pompes tels que les Mines, les Carrieres, les Braſſeries, Tentureries, grandes Manufactures, les puits, les arroſemens des terres, des jardins, les fouilles des bâtimens, les deſſechemens des marais, les grands épuiſemens, l'élévation des eaux néceſſaires aux Habitans des grandes Villes; dans tous ces cas, les nouvelles Pompes ſubſtituées aux anciennes, en leur conſervant les mêmes moteurs, qu'on ſuppoſe bien dirigés, doubleront au moins les produits, & vraiſemblablement bien au-delà. La comparaiſon des nouveaux produits ouvrira les yeux ſur l'inſuffiſance de ceux qu'on a eu juſqu'à préſent.

La ſupériorité du produit de ces Pompes n'eſt pas le plus précieux de leurs avantages.

Mais il eſt eſſentiellement à obſerver que la ſupériorité du produit de ces Pompes eſt le moins précieux de leurs avantages. Celui qui mérite de fixer l'attention générale, eſt d'avoir aujourd'hui dans la ſociété, des Pompes ſans cuirs, des Pompes, pour ainſi dire, ſans fin, ſans frais d'entretien, ſans jamais avoir beſoin des changemens de corps de Pompe, de piſton & de ſoupapes, que les Pompes garnies de cuirs exigent journellement. Ce ſont ces inconvéniens à charge & inſéparables de leur conſtruction, qui les ont fait toujours comparer avec raiſon, à ce qu'eſt l'acquiſition d'un mauvais cheval, qui rend peu de ſervice, jamais aſſuré, & qui coûte beaucoup d'entretien; à ce qu'eſt une montre médiocrement travaillée, dont l'heure indiquée eſt toujours incertaine.

L'usage de ces Pompes est particulierement important pour la Marine & pour les incendies.

La découverte de ces Pompes est particulierement précieuse pour la Marine & pour les incendies ; on le répéte, de la sureté du service & de l'abondance du produit des Pompes qu'on y emploie, peuvent dépendre à tous les instans, le salut ou la perte de la vie & des biens d'une multitude d'hommes.

Celles à Incendie ont diverses applications utiles.

Celles à incendie servent également avec beaucoup d'aisance & avec un grand avantage aux arrosemens des voiles des Vaisseaux, aux arrosemens des jardins, des potagers, des prairies, & à donner de l'eau à tous les étages des maisons.

Adresse de la Manufacture de ces Pompes, érigée en Manufacture royale.

Le Gouvernement a érigé la Manufacture de ces Pompes en Manufacture Royale avec ses prérogatives ; elle est établie à Paris, *rue neuve saint Gilles, au Marais*, où l'on peut voir agir ces Pompes à tous usages, en examiner la mécanique, & en reconnoître les produits.

Motifs qui ont déterminé à donner cet ouvrage.

Les Sçavants qui ont écrit sur cette matiere, sur les Pompes qu'ils ont successivement imaginées ou connues, n'ont rien laissé à desirer pour en développer les ressources ; desorte que j'eusse gardé le silence sur un objet dont les parties mécaniques & physiques ont été aussi sçavamment traitées, si la composition de mes Pompes n'étoit pas très-différente des autres, & n'exigeoit pas indispensablement des descriptions particulieres & des documens analogues aux nouvelles applications des principes par lesquelles celles-ci agissent dans leurs divers usages. J'ai cru au reste, devoir m'exprimer dans un stile

ſtile ſimple, & dans des termes à la portée de tout le monde, pour en faciliter l'intelligence aux cytoyens les moins verſés dans ces matieres.

DESCRIPTION

DES POMPES APPROPRIÉES

POUR LA MARINE DE GUERRE,

ET de celles appropriées pour la Marine Marchande.

LA figure premiere eſt une des Pompes convenues & appropriées pour les Vaiſſeaux du premier rang, ſon diametre intérieur eſt de 10 pouces. Son piſton A eſt un cylindre de cuivre fondu, couronné de ſa ſoupape B ; ſa longueur eſt d'environ 36 pouces. Il eſt diſpoſé de manière que, dans l'action, il parcourt à chaque vibration 27 pouces de chemin.

Planche premiere.

Figure premiere.

Pompe de Vaiſſeau de Guèrre. Sa deſcription.

C eſt le corps de Pompe ou tuyau de garde, également de cuivre fondu, dans lequel le piſton joue & eſt embraſſé avec une préciſion que l'une & l'autre de ces pieces acquièrent néceſſairement, au moyen de certaines machines inventées à cet effet ; préciſion qui eſt impraticable par tous les moyens connus juſqu'à ce jour.

Préciſion du travail des piſtons, & des corps de Pompe, & comment elle eſt acquiſe.

D. eſt la ſoupape d'aſpiration, dont le diamètre eſt égal à la baſe du piſton. Cette ſoupape eſt d'une ſeule pièce de cuivre fondu avec ſa queue. La pièce qui lui ſert de baſe ſur laquelle elle joue, ayant

Solidité des ſoupapes.

trois croisillons qui portent la douille dans laquelle se meut la queue de la soupape, est également d'un seul morceau de cuivre fondu, ce qui rend l'une & l'autre de ces pièces d'une solidité inébranlable.

Précautions prises pour fixer la levée des soupapes & pour les visiter.

E est une barrette ou forte traverse de cuivre, qui sert à fixer l'élévation de la soupape dans son jeu.

F est un regard ou œil de cuivre fondu à vis, que l'on ouvre en un instant & à volonté, pour visiter & ôter la soupape dans le cas où (malgré les précautions prises) quelques ordures se seroient introduites & en embarrasseroient le jeu.

Renflement qui prévient les étranglemens d'eau.

G est un renflement pratiqué à l'endroit où la soupape fait son jeu, afin d'éviter les étranglemens d'eau qu'ont les Pompes ordinaires, dont la soupape d'aspiration est d'un diamètre beaucoup moindre que celui du corps de Pompe, ce qui nécessite, ou des lenteurs dans le jeu de la Pompe, ou bien des forces considérablement multipliées; sans des nouvelles forces, l'eau étranglée par la petite ouverture ne peut pas monter dans une vitesse suffisante à ce qu'elle agisse immédiatement sous la base du piston, avec l'impulsion que cette base reçoit de la colonne d'air inférieure qui presse les eaux d'enbas: mais comme les dégrés de vitesse ne s'acquierent qu'avec des forces en même raison, pour prévenir cet inconvénient, on a combiné le diamètre du renflement, de manière que la colonne d'eau aspirée monte dans un même volume que la continence du corps de Pompe.

Lorsque la soupape est levée, il passe autour de

cette ſoupape une quantité d'eau égale à celle qui paſſe par l'ouverture que laiſſe le porte-ſoupape de 10 pouces de diamètre : ce qui ſupprime la néceſſité des viteſſes & des augmentations de forces, ou bien la néceſſité des lenteurs.

Les lenteurs dans le jeu des Pompes ordinaires, ſont eſſentiellement recommandées & déterminées par les Sçavants qui ont écrit ſur cette matière. Si l'on s'écarte de cette regle, ſi l'on précipite l'action du piſton dans la vue de multiplier le nombre des vibrations dans un eſpace de tems donné, l'eau monte moins abondamment que par une lenteur modérée & ſouvent elle ceſſe tout-à-fait de dégorger. Tel eſt l'effet des étranglemens d'eau, par leſquels les agents ſe trouvent preſque entierement chargés du poids de la colonne d'air ſupérieure.

Les lenteurs dans le jeu des Pompes ordinaires, ſagement déterminées par les Sçavans, ſeroient nuiſibles aux nouvelles Pompes.

Avec les nouvelles Pompes ſans étranglemens, on peut au contraire précipiter l'action du piſton, & en multiplier les vibrations à volonté. Chaque coup de piſton donne toute ſon eau ; on peut à ce moyen obtenir un double, un triple produit avec une même Pompe, en relayant ſouvent les Matelots-agents, eu égard à l'augmentation de leur fatigue par les coups précipités. Cet avantage peut être important & d'une grande reſſource dans le ſervice de la Marine lors des beſoins urgents.

Le produit de ces Pompes peut être doublé & triplé au beſoin.

Nota. On avoit précédemment placé deux ſoupapes d'aſpiration l'une au-deſſus de l'autre, pour plus de ſureté contre les ordures ; mais depuis qu'on a imaginé le regard F, au moyen duquel on a la

Ce qui a déterminé à ſupprimer une des deux ſoupapes d'aſpiration qu'on avoit précédemment donnée à ces Pompes.

faculté de débarraſſer de ſuite les ordures qui s'y ſeroient introduites, on a ſupprimé la ſeconde ſoupape comme inutile, & même comme nuiſible, en ce qu'elle ſeroit une ſurcharge pour les agents.

Dans le bas de la Pompe, qui continue d'avoir 10 pouces de diamètre, pour éviter tout étranglement, eſt placé intérieurement une eſpece de crible H qui ſert à arrêter le paſſage des groſſes ordures.

Les divers morceaux qui compoſent la longueur de la Pompe, ſont réunis & raccordés par un nouveau moyen prompt & facile.

I eſt une forte boîte de raccordement à vis en cuivre fondu; elle ſert à réunir avec facilité, avec ſûreté, & en peu de momens, les morceaux de la Pompe qui ſont de trois pièces dans ſa longueur de 25 ou 26 pieds, tant pour la facilité du tranſport, que pour la facilité de les monter & démonter à bord des Vaiſſeaux.

Les parties ſupérieures & inférieures de la Pompe peuvent être faites en bois.

On a le choix de faire de bois ou de cuivre rouge en planche la partie ſupérieure de cette Pompe. Si on préfére le bois, cela ſe fait ſur les lieux; ſi on la veut en cuivre, elle peut être exécutée ſur les lieux, ou être fournie par la Manufacture. En cuivre, il faut une ſeconde boîte de raccordement à environ 9 pieds au-deſſus de la première boîte I.

Si l'on craint que l'eau de la ſentine du fond de cale, preſque toujours croupie, corroſive, vitriolique, chargée de ſels urineux, vienne à ronger & corroder le bas de la Pompe, & ſon crible en cuivre; on peut obvier à cet inconvénient en ajoutant & adaptant, au bas de la Pompe, un tuyau en bois de 3 ou 4 pieds de longueur, qui éléveroit la Pompe d'autant, & tremperoit dans la ſentine; alors, on diminue le haut de la Pompe en même raiſon.

N le levier ou la brimbale portant une portion de cercle qui ſert à mettre la Pompe en action.

Le dégorgement de la Pompe ſe fait en S dans l'intérieur du premier pont.

Obſervation concernant le levier de la Pompe.

Le point d'appui Q où eſt l'axe du levier, s'attache ſolidement dans le premier pont, & de maniere que dans l'action, les extrémités du levier ne vacillent pas de droite & de gauche, & puiſſent parcourir librement leur chemin d'environ quatre pieds & demi.

Obſevations concernant le tirant du Piſton.

Il eſt important que la longueur de la gaule ou tirant M, ſoit exactement donnée, conformément à ce qui ſe voit dans la figure première, où le piſton eſt entièrement deſcendu dans ſon tuyau de garde, à un pouce près de différence, afin d'éviter que le bas du piſton vienne à frapper ſur la barrette E.

Le bout Z du levier eſt d'une longueur arbitraire; on y attache quelques cordes, que l'on employe à rabattre, afin de donner plus d'activité au jeu de la Pompe, quoique cela ſoit en quelque ſorte ſuperflu, parce que le piſton de ces Pompes étant ſans cuirs, & ſans frottemens ſenſibles, il deſcend par lui-même avec toute la puiſſance de ſon propre poids.

On a la faculté de retirer & de remettre le piſton en place par le haut de la Pompe, comme cela ſe pratique dans les Pompes Royales actuelles des

Vaisseaux de Guerre, dont on a cherché autant qu'il a été possible à conserver les usages & la forme extérieure. Cette faculté est indépendante de celle qu'on a de démonter la Pompe par ses diverses boîtes de raccordement, comme aussi de visiter sa soupape d'aspiration, au moyen du regard F, sans rien démonter de la Pompe.

Toute la mécanique de la Pompe est à l'abri du feu de l'ennemi.

Toutes les pièces qui composent la mécanique de la Pompe, sont renfermées dans sa partie inférieure jusqu'à la hauteur de 8 à 10 pieds: elles sont par conséquent à l'abri du canon de l'ennemi, & les parties supérieures qui en seroient frappées peuvent être promptement réparées par des tuyaux de rechange, & au moyen des raccordemens à vis.

Les Matelots-agens pourront être placés dans le faux-pont, à l'abri du feu de l'ennemi.

A l'extrémité R du levier on attache dix cordes & deux ou trois cordes à son autre extrémité. Ces cordes passent par des ouvertures ou écoutilles pratiquées à cet effet, pour qu'elles descendent dans l'entre-pont où doivent être placées les Matelots-agens de la Pompe. Pour pouvoir y placer les agents, de manière qu'ils jouissent d'une hauteur suffisante à l'élévation de leurs bras dans le tirage des cordes, on baisse convenablement le plancher du faux pont dans les endroits & dans l'espace nécessaire aux agens des Pompes, lesquels, au moyen de cet arrangement, travaillent à l'abri de la Mousqueterie & même du canon de l'ennemi.

Précaution pour ôter l'eau de la Pompe à volonté.

Un peu au-dessous de chaque soupape, est une petite ouverture fermée par une vis X. En ôtant les vis, ces ouvertures servent à décharger les eaux de la la Pompe lorſqu'on veut la démonter, ou bien lorſqu'on veut ouvrir le regard F pour viſiter la ſoupape d'aſpiration.

O eſt une pièce de fer, ſervant de clef, pour monter & démonter les boîtes de raccordement à vis : ainſi que pour ouvrir & ſerrer convenablement les regards à vis.

JEU DE CETTE POMPE

ET SON PRODUIT.

Dix hommes employés à l'action de cette Pompe par le tirage des cordes pour élever l'eau de 25 ou 26 pieds, parcourant quatre pieds & demi de chemin, le piſton parcourt 27 pouces : ſon produit par chaque vibration eſt d'environ 85 livres d'eau. L'expérience a prouvé à Breſt, à la Manufacture & ailleurs, que les agens donnent 38 à 40 vibrations par minute, ſur-tout lorſqu'il y a quelques hommes appliqués à l'autre extrémité du levier pour rabattre avec célérité ; le produit eſt d'environ ſept barriques d'eau par minute, chaque barrique peſant cinq cents livres, poids de marc ou poids de Paris.

Produit de cette Pompe.

La figure premiere repréſente deux de ces Pompes jumelées & diſpoſées pour agir alternativement au moyen d'une petite roue ou portion de roue A. Par les diſpoſitions données à cette portion de roue, chaque gaule D & E eſt forcée de deſcendre ſucceſ-

Planche deuxieme. Figure premiere.

Deux de ces Pompes réunies & jumelées pour agir alternativement par une portion de roue.

ſivement à meſure que l'autre monte. Cette diſpoſition a été imaginée par M. de Parcieux, de l'Académie Royale des Sciences de Paris, l'un des Commiſſaires nommés par le Miniſtre pour les expériences & examens de ces Pompes.

Pour faire uſage de cette portion de roue, on obſerve, 1°. que les deux Pompes qu'elle doit faire agir, doivent être placées d'un même côté du Vaiſſeau, c'eſt-à-dire, toutes deux à tribord ou toutes deux à bas bord. 2°. Que la diſtance des centres de chaque Pompe ne peut être que de 33 à 34 pouces au plus, attendu l'écartement des baux, de ſorte qu'on ne peut pas ſe ſervir de brimbale ou levier pour le tirage des cordes B C à cauſe que les arcs décrits ſeroient trop grands. 3°. Que pour remédier à cet inconvénient, on s'eſt déterminé à ajouter ſur l'arbre F figure deuxieme de la portion de roue A qui fait agir le piſton, une autre roue G, d'un double diamètre, par laquelle ſe fait le tirage des cordes.

Planche ſeconde. Figure deuxieme.

La figure deuxieme repréſente la maniere dont cette machine doit être diſpoſée à bord d'un Vaiſſeau.

H ſont les deux Pompes.

D & E les gaules ou tirant de ces Pompes.

A la portion de roue où ſont fixées les gaules par les cordes.

G eſt la grande roue ſur laquelle ſont placées deux cordes L, qui paſſent à travers le premier pont; à chacune de ces cordes, & à quelques pieds au-dessous du premier pont, on attache dix ou douze autres cordes M, qui descendent dans l'entre-pont pour être tirées par les hommes-agens.

I chevalet sur lequel est placé un paillier pour porter un des tourillons de l'arbre F. L'autre tourillon peut être porté par un crampon N fixé au grand mât.

Planche deuxieme. Figure premiere.

La figure premiere représente la manière dont les cordes sont disposées sur la gaule & sur la portion de roue A.

F est une corde sans fin, accrochée sur la partie supérieure de la portion de roue, & dans le bas de laquelle est fixée la gaule par une clef G qui la traverse.

R est une corde simple, passée dans une entaille pratiquée au bas de la portion de roue par une de ses extrémités, & par l'autre, dans une pareille entaille au haut de la gaule ; sous cette entaille est une longue mortaise, dans laquelle on place deux clefs, qui à mesure qu'elles sont chassées, bandent les cordes & les tiennent toujours tendues.

Le produit de cette Machine mise en action par dix hommes de chaque côté, est d'environ 14 à 15 barriques par minute.

C'est à Messieurs les Officiers de Marine à déterminer la façon de poser les Pompes dans les Vaisseaux.

Au reste, ce qui vient d'être dit sur la façon de poser ces Pompes dans les Vaisseaux, n'est qu'une indication : c'est à Messieurs les Officiers de Marine, rompus dans ces matieres, qu'il est réservé de déterminer.

Planche deuxieme. Figure troisieme.

La figure troisieme de la planche deuxieme, représente le plan géométral des quatre Pompes placées autour du grand mât.

O est le grand mât.

H sont les quatre Pompes placées dans l'archipompe du Vaisseau.

POMPE DE NAVIRE MARCHAND.

Planche premiere. Figure deuxieme.

Pompe de Navire Marchand. Sa description.

La figure deuxieme de la planche premiere, représente une des Pompes appropriées pour les Navires marchands, ausquelles on donne la même forme qu'à celles des Vaisseaux de guerre, *figure premiere*, & par les mêmes motifs dont on a parlé plus haut dans la note, page 13.

Son piston A est de quatre pouces un quart de diametre, d'environ vingt-trois pouces de longueur, & parcourt 16 à 18 pouces de chemin.

Le support en fer O du levier N peut s'ôter & se remettre en place à volonté dans les deux douilles de fer P, adaptées à la Pompe pour recevoir ce support.

Le levier N est en bois, portant la portion de cercle de bois Q.

A cette portion de cercle, tient solidement par des cordes, la gaule de bois M qui porte le piston.

Les cordes qui tiennent la gaule réunie à la portion de cercle, sont toujours exactement tendues, au moyen des deux clefs ou coins de bois G, chassés l'un sur l'autre en sens opposés, pour tenir ces cordes dans l'état de tention qui leur convient,

Les Figures trois & quatre repréſentent les pièces détachées de ce levier.

Planche premiere. Figures trois & quatre.

(a) eſt un crochet pratiqué dans l'épaiſſeur de la courbe A.

(b) eſt une entaille faite auſſi dans l'épaiſſeur de la même courbe, mais à la partie inférieure.

(c) eſt une rainure pratiquée dans l'épaiſſeur de la gaule.

(d) eſt une clef qui la traverſe dans l'autre ſens.

(e) deux clefs en forme de coin.

(f) entaille faite dans la même gaule d'une largeur égale à l'épaiſſeur de la corde.

La corde ſans fin F, s'accroche au crochet (a) par ſon extrémité (g), & l'on paſſe dans l'autre extrémité (h) la gaule juſqu'à ce qu'elle ſoit arrêtée par la clef (d). On paſſe enſuite l'extrémité (i) de la corde ſimple (R) où il y a un nœud dans l'entaille (f) de la gaule au-deſſus des deux clefs (e) & l'autre bout dans l'entaille (b) de la courbe, enſorte que cette corde ſimple ſoit logée dans la rainure de la gaule.

Par ce moyen, en chaſſant les deux clefs (e), on voit que les cordes ſont tendues & la courbe forcée à toucher immédiatement la gaule, comme s'ils ne faiſoient qu'une ſeule & même pièce.

Lorſque le levier eſt mis en action, la gaule M eſt forcée de monter & deſcendre le long de la portion de cercle Q, contre laquelle elle forme des points d'appui ſucceſſifs, ſans y opérer aucune eſpece de frottement.

Planche premiere. Figure troisieme.

La longueur du levier depuis son point d'appui O jusqu'en R où l'homme le met en action directement avec les mains, ou par un tirage de cordes, est d'environ 4 pieds, & l'autre partie du levier du côté du piston est d'environ 18 pouces. Il est essentiel de garder cette dimension, par laquelle l'homme-agent a la puissance facile & convenable pour l'élévation de l'eau à 15 ou 16 pieds, en faisant parcourir 16 à 18 pouces de chemin au piston.

La longueur du levier des Pompes, ne doit jamais être abandonnée à l'option des hommes-agens.

Il faut bien se garder de laisser aux hommes-agens la liberté d'allonger cette partie du levier, c'est ce qu'ils feroient avec empressement, parce qu'à ce moyen, ils travailleroient avec beaucoup plus de facilité en ne parcourant que le même chemin, sans s'embarrasser de ce que la levée du piston devenant moindre, le produit diminueroit en même raison. Ces sortes de gens sont constamment dans l'usage de se plaindre d'un excès de fatigue lors même du travail le plus modéré.

C'est aussi par cette différence de longueur de levier, prise arbitrairement, que se font souvent des expériences erronées, par des gens qui connoissent peu ou qui n'examinent pas suffisamment ces matieres.

Planche premiere. Figure premiere.

D est la soupape d'aspiration, surmontée de sa barrette E qui fixe l'élévation convenable à son jeu.

F est l'œil ou regard pour visiter la soupape à volonté.

X sont deux petites ouvertures de décharge, placées un peu au-dessus de chaque soupape, fermées par des vis que l'on ôte lorſqu'on veut faire écouler les eaux de la Pompe.

H eſt un tuyau percé d'une infinité de petits trous pour empêcher l'introduction des groſſes ordures.

Ces Pompes s'envoyent en deux pièces chacune, d'environ 8 pieds, que l'on réunit ſur les lieux au moyen de la boîte de raccordement à vis I.

Comme leur forme extérieure eſt à peu près la même que celles dont on ſe ſert actuellement ſur ces Navires, on ne donne aucun document ſur la manière ſimple de les mettre en place, qui eſt parfaitement connue de tous les marins.

La maniere de poſer les Pompes de mer eſt connue de tous les Marins.

On fait auſſi pour la Marine, comme pour toute autre eſpece d'épuiſemens, des Pompes de différens calibres & de différens produits, de la même compoſition & du même jeu.

Celles de huit pouces & demi de diamètre qui peuvent ſervir aux frégates &c. & dont les piſtons ſont préparés pour parcourir 27 pouces de chemin, donnent à peu près un tiers moins d'eau que celles de 10 pouces, c'eſt-à-dire, environ quatre barriques deux tiers par minute, & le nombre des hommes néceſſaires à leur action diminue en raiſon de la moindre élévation où l'eau doit être portée, & en raiſon de ce que la colonne de huit pouces & demi péſe environ un tiers moins que celle de dix pouces.

Autres Pompes de 8 pouces & demi & de ſix pouces de diamètre. Leurs produits.

On en fait également de ſix pouces de diamètre, leur piſton étant approprié pour parcourir dix-huit pouces; ſi l'élévation de l'eau eſt de quinze ou ſeize pieds, il faut deux hommes qui donnent quatre-vingt-dix ou cent barriques par heure, c'est-à-dire, environ 800 liv. d'eau par minute. On augmente le nombre des hommes en raison des plus grandes élévations où l'eau doit dégorger.

Les motifs qui ont déterminé à cesser l'usage des pédales.

Dans la premiere composition de l'invention de ces Pompes, on avoit ajouté à leur construction un nouveau moyen, par lequel les hommes placés sur des pédales employoient à les faire agir la pesanteur entiere de leur corps, réunie à la plus grande force de leur bras: ce qui leur donnoit une puissance très-supérieure. Mais l'expérience & les conseils d'habiles connoisseurs ayant fait sentir combien l'espece des hommes qu'on emploie à faire agir les Pompes de tous genres, & qu'il faut relayer souvent, s'accoutumeroient difficilement à un travail fait par les pieds, on s'est déterminé à cesser l'usage de ce moyen quelqu'avantageux qu'il soit, pour employer les leviers ordinaires; dans ce changement, on s'est ménagé la maniere de faire agir les hommes dans la forme la plus utile.

Il est connu qu'un homme qui éleve un fardeau avec ses bras, & qui fait effort par la seule contraction de ses muscles, ne peut opérer qu'une force d'environ 25 livres pour un travail un peu soutenu. Tel est, par exemple, eu égard à l'action des Pompes, le cas où l'homme meut un balancier suspendu verticalement à son axe avec un retour d'équerre qui porte le piston. Cet homme faisant mouvoir horisontalement ce balancier avec ses bras, n'emploie

ploie que la puiſſance de ſes muſcles & n'opere qu'environ vingt-cinq livres de force avec une viteſſe de 20 pouces par ſeconde.

Choix ſur la maniere d'appliquer l'action des hommes-agens.

Mais il n'eſt pas moins connu que l'homme peut être employé dans des poſitions où il agiſſe avec une partie de la peſanteur de ſon corps, même avec ſa peſanteur entiere, ſans égard à la contraction de ſes muſcles. Telles ſont, par exemple, les poſitions d'un homme qui, élevant les bras, tire la corde d'une cloche, la corde attachée à un levier, la ſonnette d'une machine à pilotis, ou qui les mains appuyées ſur l'extrémité d'un balancier, tels que ceux des Pompes à incendies, laiſſe porter en ſe courbant, la partie ſupérieure de ſon corps ſur ces cordes, ſur ce balancier : alors l'homme agit avec au moins moitié de ſon poids, c'eſt-à-dire, avec environ ſoixante-dix livres de puiſſance, terme moyen de ſa peſanteur entière, évaluée à 140 livres : c'eſt cette derniere poſition qu'on a donnée à l'action des hommes-agens des Pompes ſans cuirs dans tous leurs uſages. On ajoute à cette puiſſance primitive de ſoixante-dix livres la différence des bras de levier convenable aux beſoins. Donnant, par exemple, au levier de la Pompe des Navires Marchands, repréſentée par la figure deuxieme &c, deux (ou même trois longueurs pour plus d'aiſance) à la partie de ce levier que l'homme baiſſe ; cet homme agit alors avec 180 liv. de puiſſance, bien plus que ſuffiſante pour ſoulever la colonne d'eau de quatre pouces un quart, & de 15 à 16 pieds de hauteur, qui ne péſe que 106 livres. A l'égard des viteſſes dans cette poſition, elles participent à la progreſſion accélérée de la chute des corps. Les Matelots qui font agir dans cette forme les Pompes des Vaiſſeaux de guerre, font baiſſer communément de plus de cinq pieds le bout du levier à chaque vibration, ce qui ſe fait en moins d'une ſeconde, puiſqu'ils donnent trente-huit à quarante coups de piſton par minute : enſorte que, relativement au chemin parcouru dans les relevées du piſton, la viteſſe naturelle des hommes-agens dans cette poſition, eſt d'environ ſix pieds par ſeconde.

OBSERVATIONS.

Les nouvelles Pompes pour la Marine, ainſi que celles dont on donnera ci-après des deſcriptions pour le ſervice des incendies & pour tous autres uſages, agiſſent par les mêmes principes, & ont toutes les mêmes propriétés & avantages.

1°. Toutes les pièces des nouvelles Pompes à quelqu'uſage que ce ſoit, qui ſont annoncées être de cuivre fondu, ſont entiérement de cuivre pur, ſans aucune eſpéce de mélange.

Les nouvelles Pompes ſans cuirs à tous uſages n'ont pas beſoin d'être amorcées comme les autres Pompes.

2°. Ces Pompes n'ont pas beſoin d'être amorcées, comme les Pompes ordinaires, c'eſt-à-dire, qu'il n'eſt nullement néceſſaire d'employer un tems ſouvent précieux à jetter dans l'intérieur de la Pompe, une quantité de ſeaux d'eau pour les abreuver, & pouvoir les mettre en action.

Pourquoi ces Pompes ſemblent avoir acquiſes la plus grande perfection.

3°. Comme elles ſont ſans étranglement, ſans garniture de cuirs, & qu'elles agiſſent ſans frottement ſenſible de piſton; il eſt évident que leur moteur eſt uniquement chargé de vaincre la réſiſtance du poids de la colonne d'eau à ſoulever: ce qui eſt la plus grande perfection poſſible.

En effet, une colonne d'eau, ou autre fardeau quelconque, ne peut être ſoulevé que par une puiſſance un peu plus qu'égale à ce fardeau. Si on cherche à gagner des forces au moyen des arrangemens de levier, d'engrénages, de manivelles, on perd infailliblement des tems en même raiſon; le gain des forces eſt ſans fruit, parce que le tems eſt auſſi précieux que les forces: c'eſt une loi immuable de la nature. Annoncer le contraire, comme cela arrive aſſez ſouvent, c'eſt afficher l'ignorance ou la charlatannerie. L'attention de l'habile Mécanicien, qui compoſe d'après les principes certains de mécanique, eſt de ſimplifier les Machines, de les rendre ſolides, & ſur-tout de prévenir autant qu'il eſt en ſon pouvoir, les grandes réſiſtances qui naiſſent des frottemens. Or, ces conditions (& eſſentiellement la derniere) étant exactement remplies dans la compoſition des nouvelles Pompes, on eſt autoriſé à dire que ce genre de Machine a atteint la plus grande perfection poſſible.

4°. L'avantage de ces Pompes le plus marqué, & qui ſe conçoit le plus difficilement, eſt celui de leur piſton ſans cuirs, ſans frottement dans leur action, & ſans qu'il puiſſe s'uſer & ſe détériorer: on va développer la réalité de cet avantage, prouvé par l'expérience & par les faits.

On a vu par les deſcriptions des Pompes des Vaiſſeaux que leur piſton agit invariablement maintenu dans la direction du corps de Pompe ou tuyau de garde qui l'embraſſe.

L'une & l'autre de ces pièces ſont du plus parfait poli, & exécutées avec une préciſion qui leur eſt donnée par le travail de certaines Machines inventées à cet effet : préciſion néceſſaire dans toute leur longueur, par laquelle on prévient tout balottement, & à laquelle il ſeroit impoſſible d'atteindre par tous les moyens connus.

On prouve que les piſtons de ces Pompes & leur corps de Pompe, ne s'uſent point, & ne peuvent être détériorés ni par des grains de ſable, ni par des ordures.

5°. L'interſtice entre le piſton & ſon tuyau de garde ne peut pas s'évaluer, il eſt ſi imperceptible qu'à peine s'échappe-t-il quelques goutes d'eau, lors des plus grands efforts du refoulement ; c'eſt ce qui peut ſe voir commodément, ſur-tout dans le jeu des Pompes à incendie, où le piſton & ſon tuyau de garde ſont totalement à découvert. La lame d'eau imperceptible, qui exiſte toujours néceſſairement entre les parois du piſton & de ſon tuyau de garde, empêche invinciblement ces pièces de ſe toucher, les petits globules de cette lame d'eau qui les ſéparent, & qui ſe renouvellent à chaque inſtant de la montée & de la deſcente du piſton, ſont un préſervatif contre tout frottement : ces globules ſont ici l'office des cuirs dont ſont garnis les piſtons des Pompes ordinaires ; mais les cuirs frottent, ſe renflent, ſe dérangent, il faut les remplacer : au lieu que les globules d'eau roulent, ne frottent point, & ſe remplacent ſans ceſſe par eux-mêmes.

Mais, dira-t-on, tout s'uſe dans la nature : on en convient, eu égard aux métaux, aux corps ſolides, qui mis en mouvement, appuyent, frottent contre un autre corps ſolide ; mais cette aſſertion générale n'eſt pas applicable au cas dont il s'agit. Les petits globules d'eau imperceptibles, qui forment un interſtice perpétuel entre le piſton & le tuyau de garde, ſont un obſtacle invincible à leur contact. Tant qu'il y aura de l'eau dans la Pompe, ces pièces ne peuvent pas ſe toucher, par conſéquent ſe frotter ni s'uſer : donc le piſton & le tuyau de garde de ces Pompes ſont d'une durée qui eſt en quelque ſorte inaltérable. Ces pièces n'ont à craindre que la grande vétuſté, qui par ſucceſſions de tems, diviſe, dérange les modifications de la matière.

6°. Il eſt en outre un autre préſervatif auſſi puiſſant ; l'eau porte avec ſoi une ſorte de graiſſe, une onctuoſité, qui dans le travail s'attache bientôt aux parois du piſton & de ſon tuyau de garde. Cette onctuoſité remplit tous les pores du cuivre, & forme au bout de quelque tems un verni ſans épaiſſeur, qui change la couleur du cuivre en une couleur bronzée ; que ſi on enléve une partie de cette onctuoſité, en la grattant fortement avec l'ongle, le cuivre ſe découvre avec tout ſon poli, comme ſi la pièce ſortoit des mains de l'ouvrier. C'eſt ce qui a été cent & cent fois éprouvé, & c'eſt ce qui prouve bien ſolidement qu'il n'y a ni frottement ni uſure.

Mais, dira-t-on, peut-être, lorſqu'un Navire eſt penché, qu'il eſt à la bande, la perpendiculaire ceſſe; une partie plus ou moins forte du poids du piſton porte ſur le tuyau de garde, ils doivent par conſéquent ſe frotter & s'uſer: on ſoutient affirmativement la négative, & l'expérience l'a conſtamment prouvé; tant qu'il y aura de l'eau dans l'interſtice des deux pièces, elles ne ſe toucheront pas, elles ne s'uſeront pas. Or, il eſt impoſſible que cet interſtice reſte ſans eau, puiſque le piſton s'en imbibe ſans ceſſe en montant & en deſcendant, & qu'il eſt impoſſible que cette eau ſoit ſechée & atténuée dans le paſſage d'un inſtant qu'il fait dans ſon tuyau de garde. En peſant ſur ce tuyau, leur attouchement n'eſt pas moins garanti par les globules d'eau intermédiaires, comme par le verni en onctuoſité.

7°. L'introduction des ſables & des ordures n'eſt pas plus à redouter que l'uſure par les frottemens. On ſuppoſe qu'un ou pluſieurs grains de ſable ſoient aſſez menus pour s'introduire dans l'interſtice imperceptible du piſton & de ſon tuyau de garde; il eſt évident que ces grains de ſable paſſeront & en ſortiront comme ils y ſeront entrés, par la grande préciſion & juſteſſe qui régnent également d'un bout à l'autre de ces deux pièces. Pour admettre que ces grains de ſable puiſſent ſéjourner dans l'interſtice, il faudroit ſuppoſer des inégalités de juſteſſe & de groſſeur au piſton ou au tuyau de garde, qui arrêtaſſent ces grains de ſable dans l'interſtice: or, ces inégalités n'exiſtent pas, & ne peuvent pas exister, eu égard à la nature des Machines particulieres avec lesquelles ces pièces sont exécutées; mais en supposant encore que ces grains de sable puissent entrer & séjourner dans l'interstice, il faut du moins convenir que ces grains de sable ne pourroient pas être plus gros que la plus petite pointe de la plus fine aiguille, encore auroit-on bien de la peine à y introduire cette fine pointe. Qu'arriveroit-t-il alors? il s'y feroit des rayes de cette finesse, dans la longueur du tuyau de garde ou du piston. Le piston ne pouvant tourner sur lui-même, en ce qu'il est assujetti à ne se mouvoir que dans une seule direction, ces grains de sable ne pourront opérer d'autre détérioration que les premieres rayes qu'ils auront formées, dans lesquelles ils repasseront sans cesse. Quelle sera alors la perte d'eau par ces rayes comme la petite pointe d'une fine aiguille? cette perte peut bien être comptée pour rien.

Moyen de remédier au mouvement d'un piston qui deviendroit gêné.

8°. En poussant plus loin la spéculation, on admet que ces petits grains de sable puissent être multipliés au point de gêner l'action de la Pompe: sur le champ, au moyen des raccordemens à vis, on met à découvert le tuyau de garde & le piston, on les essuye avec la main ou avec un linge, le raccordement à vis est de suite remonté & la Pompe remise en action comme neuve.

9°. Dans les descriptions données on a vu que les soupapes ont la même solidité inébranlable que les tuyaux de garde & les pistons.

Les soupapes sont inaltéra-

10°. Les soupapes s'élevent & retombent sans

bles & n'éprouvent aucun frottement.

ceſſe ſur la pièce à bizot qui les porte par des ſimples points d'appui ſans aucun frottement. La queue qui les guide dans ſa douille, a le même interſtice de globules d'eau que le piſton dans ſon tuyau de garde.

Toutefois le cas arrivant que l'eau ceſsât tout-à-coup de monter; ſi le piſton réſiſte, s'il a de la difficulté d'agir, on emploie ſur le champ le moyen qui vient d'être indiqué dans l'obſervation huitieme.

Maniere de connoître les cauſes d'un embarras qui ſurviendroit au jeu de la Pompe, & les moyens d'y remédier ſur le champ.

Si au contraire, le piſton continue de ſe mouvoir librement, cet événement peut provenir de deux différentes cauſes; l'une, parce que la boîte à vis de raccordement ou bien le regard placé à côté de la Pompe d'aſpiration, ſe ſeroient l'un ou l'autre relâchés, & prendroient l'air, ce qui ſe connoît avec facilité, ſoit par une petite quantité d'eau qui ſe perd alors par ces pièces, ſoit par une ſorte de ſifflement que l'air y opère; de ſuite, il faut reſſerrer ces pièces à vis, & même uſer à ce ſujet des précautions dont il ſera parlé dans l'obſervation ſuivante.

La deuxieme cauſe peut provenir d'une ſoupape embarraſſée par des ordures ou par une craſſe graſſe & glutineuſe, attachée à ſa queue, qui pourroit l'empêcher de redeſcendre dans ſa douille; alors quelques petits coups donnés avec un morceau de fer ou de bois, près de l'emplacement de la ſoupape, peut la faire deſcendre ſur le champ, lui faire reprendre ſon jeu; ſinon, on deviſſe & l'on ouvre l'œil ou regard placé à côté de la ſoupape; on la retire; on la nettoie, ainſi que ſa douille; on la

remet

remet en place, on referme le regard, & la Pompe reprend ſon jeu naturel.

Précaution pour pouvoir, au beſoin, roder les ſoupapes ſans déplacement.

Si néanmoins il étoit arrivé qu'une ſoupape ou ſon porte-ſoupape euſſent été meurtris par un gravier ou autre petit corps dur qui ſe ſeroit mis entre deux, & qu'elle perdît beaucoup d'eau, alors on ſe ſert de la clef de fer Z pour embraſſer le quarré du haut de la ſoupape; on la rode avec un peu de cendre bien fine & paſſée au tamis, en tournant la queue de la clef de droite & de gauche. De tems à autre on releve la clef pour embraſſer ſucceſſivement le quarré de la ſoupape dans tous les ſens, après l'avoir retourné avec la main, & en quelques minutes la ſoupape ſe trouve bien rodée, la meurtriſſure eſt réparée, la ſoupape ne perd plus d'eau.

Précaution indiquée, eu égard aux groſſes boîtes à vis de raccordement, & aux autres boîtes à vis de même genre.

11°. Si malgré toute la juſteſſe des deux pièces qui compoſent le regard, & la juſteſſe des boîtes de raccordement à vis, par-tout où elles ſont employées, l'air venoit à y pénétrer, on ajuſte une petite rondelle ou de feutre ou de cuir, ou d'étoffe de laine dans la petite rainure pratiquée à la pièce qui ſert de calotte: on enduit cette rondelle avec du ſuif; la calotte en ſe viſſant, comprime la rondelle, & aſſure d'autant plus l'exacte fermeture.

Facile précaution contre le verd-de-gris.

12°. Les nouvelles Pompes à tous uſages ne demandent aucun autre ſoin & précaution, ſinon dans le repos; lorſqu'on ceſſe de les faire travailler pendant quelque tems, il convient de les laver & nettoyer, pour en ôter les ordures qui pourroient s'être introduites, avoir croupi & ſéjourné près des ſoupapes ou près du tuyau de garde; il faut ensuite les essuyer intérieurement & extérieurement pour prévenir les taches de verd-de-gris, qui ne s'engendre pas sur le cuivre sans humidité, ni sur celui qui est entièrement baigné d'eau, mais seulement sur celui qui est mis à l'air sans être bien séché.

13°. Lorsqu'on veut ensuite de nouveau faire travailler la Pompe, il ne peut qu'être utile d'enduire légérement le piston d'huile ou de suif, afin de faciliter son introduction dans le tuyau de garde. Tels sont les soins uniques que ces Pompes exigent. On ne parle point ici de la brimbale, de son axe, de la gaule, ce sont des pièces étrangères à la composition mécanique & physique de la Pompe: chacun peut faire donner à ces pièces une solidité arbitraire & les faire réparer au besoin par les ouvriers les plus communs.

Toutes les pièces qui composent la mécanique de ces Pompes, sont inaltérables, & ne sont point sujettes au changement journalier des Pompes actuelles.

De ce qui vient d'être dit, & des descriptions données des nouvelles Pompes de la Marine, il est prouvé, & il résulte clairement que toutes les pièces qui composent leur mécanique sont inaltérables. Que ces Pompes étant sans cuirs, ne peuvent jamais avoir besoin de ce genre de changement si fréquent dans le service des Pompes de mer actuelles: non plus que des changemens de piston, de corps de Pompes & de soupape, qui rendent ce service embarrassant, incertain & dangéreux.

L'usage de ces Pompes est économique pour la Marine

L'attirail préparé pour ces changemens occupe un espace dans le Navire qui seroit plus utilement employé en marchandises. Il n'est aucune de ces

Pompes qui ne coûte par an 50 à 60 livres d'entretien à l'Armateur. Il eſt vrai que la grande différence du prix des nouvelles Pompes, comparé au prix des Pompes de bois actuelles, eſt frappante; mais il n'eſt pas moins certain que leur acquiſition & leur uſage eſt très-économique indépendamment de leurs autres avantages.

Marchande, indépendamment de leurs autres avantages.

On obſerve 1°. que du côté de la perfection du travail & du prix de la matière, point de comparaiſon à faire. Le bois n'a aucune valeur intrinſéque, & le cuivre conſerve toujours une valeur réelle.

2°. Que ſi de la conſidération de la matiere & du travail on paſſe à celle de la durée, quelle proportion entre le ſervice des unes, qui n'eſt que de deux ou trois ans au plus par un entretien de 50 à 60 liv. chaque année, & le ſervice des autres, qui, de l'aveu de tous les gens de l'art, doit excéder 30, 40, 60, & peut-être 100 années ſans aucun frais d'entretien. La différence qui en réſulte eſt telle que, quand celles de bois coûteroient dix fois moins d'achapt que celles de cuivre, il eſt clair qu'il y auroit encore un très-grand bénéfice à préférer le ſervice des dernières.

Que ſi, à ces conſidérations ſur l'économie, on ajoute celle d'une toute autre conſéquence qui intéreſſe l'Etat & le public dans la conſervation de la vie précieuſe des Matelots, des marchandiſes & du ſalut des Navires, qui ſouvent n'échouent ou ne périſſent que par le défaut des Pompes qui ceſſent d'agir, ou parce que la fatigue exceſſive que leur

8°. *Qu'il faut, pour les mettre en action, les amorcer, employer un tems ſouvent précieux à verſer dans l'intérieur une multitude de ſeaux d'eau.* pag. 6. 26.

9°. *Qu'elles ſont ſujettes à s'engorger journellement par des ſables, par des ordures.* pag. 4. 6.

10°. *Qu'enfin leur ſervice, par la néceſſité des rechanges & par ſes engorgemens, n'eſt jamais aſſuré : ce que l'expérience n'a que trop ſouvent réaliſé au détriment de l'humanité, des Vaiſſeaux & de leur cargaiſon.* page 4.

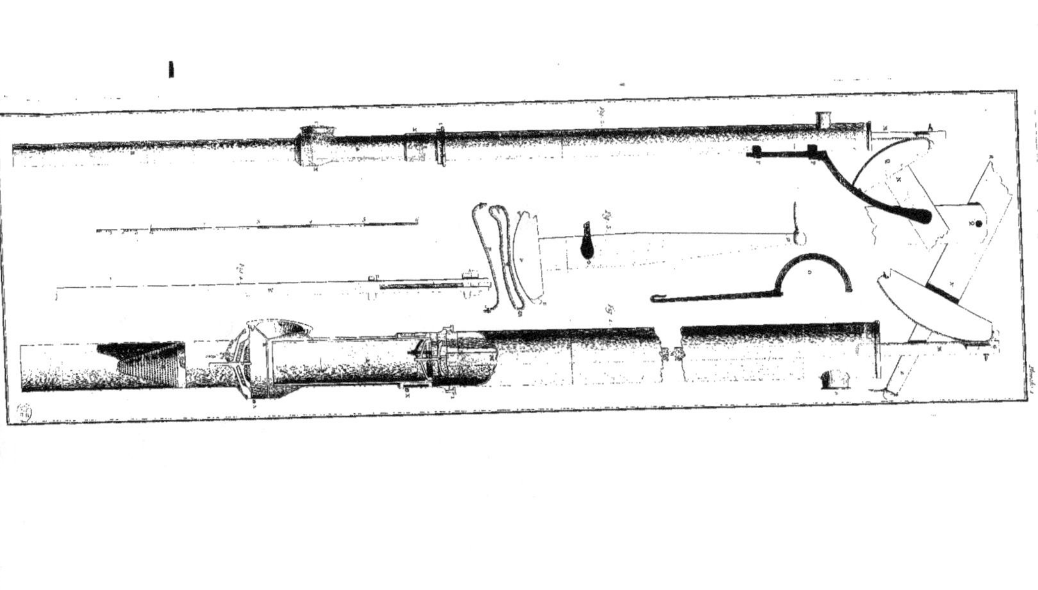

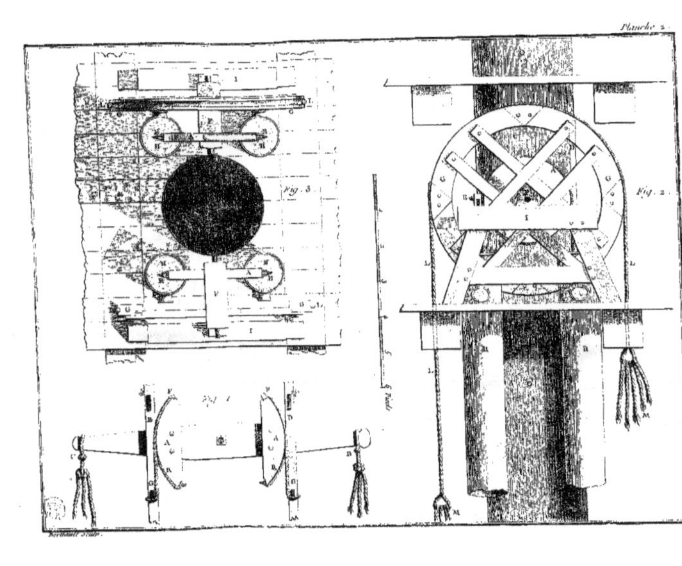
Planche 2.
Fig. 3.
Fig. 2.

POMPES A INCENDIES,

Qui servent aussi pour les Arrosemens, les Épuisemens, donner de l'eau dans l'intérieur des maisons à leurs divers étages, &c.

LA planche troisième représente en perspective, une de ces Pompes dont on va donner la description.

Planche troisième.

Et la figure deuxième de la planche quatrième représente également en perspective, un haquet sur lequel on place la Pompe pour la transporter commodément où le besoin le requiert.

Planche quatrième. Figure deuxième.

La figure première de la planche quatrième représente une Pompe double de six pouces de diamètre. Sa forme extérieure est à peu près la même que celle que l'on donne aux Pompes à incendie ordinaires; mais sa mécanique & sa forme intérieure sont de la nouvelle composition.

Planche quatrième. Figure première.

Ses pistons A, ont environ quatorze pouces de longueur. A chaque vibration ils parcourent neuf à dix pouces dans leur corps de Pompe ou tuyaux de garde B, par lesquels les pistons sont exactement embrassés, sans aucune garniture de cuirs.

C, levier de la Pompe.

Comment on visite les soupapes.

D, emplacement des soupapes d'aspiration, lesquelles peuvent être visitées & retirées en levant les pistons hors de leurs tuyaux de garde, dans l'intérieur desquels ces soupapes peuvent passer. On peut aussi les roder de nouveau au besoin, en se servant de la clef de fer E, qui passée dans un des tuyaux de garde, embrasse le quarré du haut de la soupape. Voyez l'Observation 10°. pag. 31. 32 & 33.

F, emplacement des soupapes de refoulement avec leurs regards à vis, pour avoir la faculté de les visiter, &c.

G, traverses ou barettes de cuivre, qui servent à fixer l'élévation des soupapes de refoulement dans leur jeu.

H, tuyau par lequel l'aspiration est communiquée aux deux corps de Pompes.

I, tuyau de la sortie de l'eau pour le refoulement, lequel tuyau est renfermé dans l'intérieur du tuyau aspirant.

L, tuyau de cuir, portant la boîte de raccordement en cuivre, qui se visse au tuyau de sortie, & auquel s'adapte l'ajutoir dans une longueur arbitraire, au moyen d'un nombre de boîtes à vis qui réunissent les tuyaux de cuir de distance en distance de 25 à 30 pieds.

M, est une calotte de cuivre fondu, qui se visse au bout de l'ajutoir, pour donner l'orifice convenable au jet.

N, boîte à vis en cuivre fondu, servant à adapter à la Pompe son tuyau aspirant.

O, clef en fer pour serrer les boîtes & regards.

La

La figure troisième, planche cinquième est un tuyau aspirant de cuivre rouge; il est réuni de trois en trois pieds par des boîtes de raccordemens à vis en cuivre fondu A B C, lesquelles fermant exactement & faisant l'effet de genouillères, donnent à ce tuyau dans sa longueur les différentes inflexions qu'on desire, soit pour aspirer dans un lieu plus élevé que la Pompe, tel que seroit un cuvier ou tonneau; soit dans un lieu moins élevé, tel que seroit un bassin ou canal; soit dans une ligne verticale, pour tirer l'eau d'un puits; soit enfin dans une direction horizontale, tel qu'un batardeau formé à la hâte dans une rue.

Planche cinquième.

Figure troisième.

Tuyau aspirant de ces Pompes qui puisent l'eau dans toutes sortes de position.

A l'extrémité du tuyau aspirant est une espece de globe de cuivre D, percé d'une infinité de petits trous comme un crible, pour empêcher le passage des grosses ordures, & pour prévenir que ce crible ne vienne à s'enfouir dans des vases, dans des sables, ce qui peut arriver dans les cas de batardeau, faits précipitamment dans les rues. Il est très-à-propos de se servir d'un panier d'osier ou mannequin dans lequel on fait entrer le crible, avec un morceau de bois en travers pour soutenir & empêcher que, par son poids, il ne s'enterre dans la vase.

Le tuyau aspirant se fait aussi en cuirs, garni intérieurement de fortes virolles de cuivre, pour soutenir l'effort de l'air extérieur lors de l'aspiration, comme on le voit planche cinquième, figure première & deuxième; mais comme les cuirs ont nécef-

Inconvéniens des tuyaux aspirans en cuirs.

ſairement l'inconvénient de ſe pourrir dans l'eau, de ſe deſſécher, de ſe crevaſſer à l'air, & d'exiger beaucoup de ſoin & de frais d'entretien, on a cru devoir y ſubſtituer le tuyau en cuivre d'un ſervice ſûr & d'une durée ſans fin.

Elle ſe charge d'eau par elle-même.

On voit que cette Pompe ſe charge elle-même d'eau par le tuyau d'aſpiration, ce qui épargne encore la multitude des hommes qui ſont employés à porter, à vuider ſans relâche des ſeaux d'eau pour nourrir les Pompes ordinaires.

On fournit avec chacune de ces Pompes, ainſi qu'avec celles dont il ſera parlé plus bas, & en raiſon de leur différent diamètre, une calotte de rechange en cuivre fondu qui ſe viſſe au bout de l'ajutoir : les orifices des deux calottes fournies ſont de différentes grandeurs. Lors du travail des Pompes, il eſt eſſentiel de faire choix de l'orifice convenable pour le plus ou moins d'élévation d'eau momentanée : on verra plus bas, pages 49 & 50, les motifs pour leſquels ce choix mérite attention.

Elle eſt ſolidement montée ſur ſon chaſſis de bois.

Produit de la Pompe double de 6 pouces, & l'élévation du jet.

Cette Pompe étant ſervie rondement, le produit eſt d'environ huit cents livres d'eau par minute, à l'élévation de ſoixante-dix pieds ou quatre-vingts pieds; on applique ſix hommes à chaque extrémité de ſon levier, qui peut s'allonger & ſe raccourcir pour procurer plus ou moins de puiſſance aux agens.

Pour la facilité du tranſport de ces Pompes de

ſix pouces, auſſi bien que de celles de quatre pouces doubles dont il ſera parlé ci-après, on les entrepoſe, juſqu'à leur deſtination, ſur un petit haquet à deux roues, repréſenté par la figure deuxième, planche quatrième. Ce haquet eſt tiré par quelques hommes: l'acquéreur le fait faire ſur les lieux, ou bien il eſt fourni par la Manufacture.

Une des propriétés eſſentielles qu'on s'eſt attaché de donner aux nouvelles Pompes à incendie, eſt la faculté qu'ont leur jet d'être parfaitement ſoutenu, & de porter en entier leur eau à ſa deſtination, au moyen des reſervoirs d'air combinés à cet effet; au lieu que le jet de preſque toutes les Pompes connues ne ſe fait que par éjaculation, deſorte qu'une grande partie de l'eau retombe ſans parvenir à l'endroit incendié.

Le jet de ces Pompes eſt parfaitement ſoutenu.

Un autre avantage de l'uſage des nouvelles Pompes à incendie, eſt une économie conſidérable. Elles coûtent moins ou au plus le même prix que les anciennes de même diamètre; mais leur durée reſpective ne peut être miſe en comparaiſon, & d'ailleurs les anciennes ſont ſujettes à des réparations fréquentes, à des ſoins attentifs ſur les cuirs & à des frais d'entretien journaliers, dont les nouvelles ne peuvent même pas être ſoupçonnées.

Economie par l'uſage de ces Pompes.

On fait dans la même forme & même mécanique des doubles Pompes de quatre pouces un quart de diamètre, leurs piſtons parcourent huit à neuf pouces, elles donnent à la hauteur de ſoixante à ſoixante-dix pieds, environ trois cents vingt livres d'eau par minute, elles emploient trois à quatre hom-

Autre double Pompe de quatre pouces un quart, ſon produit & élévation de ſon jet.

mes à chaque extrémité du levier. Les positions des soupapes, regards, boîtes de raccordemens & autres pièces sont exactement les mêmes qu'à celles de six pouces.

Planche cinquième. *Figure première.* Pompes simples de quatre pouces un quart de diamètre.

La figure première représente une Pompe simple de quatre pouces un quart de diamètre. La position du piston & des soupapes étant la même que celle d'un des corps de Pompe de celle de 6 pouces, on renvoye à la description de celles-ci, planche quatrième, figure première.

Facilité pour leur transport.

Cette Pompe est solidement montée sur un chassis de bois M, ayant une petite roue à une de ses extrémités, & à l'autre deux poignées, desorte qu'un homme la mene par-tout comme une brouette avec la plus grande facilité.

Figure deuxième. *Planche cinquième.*

La figure deuxième représente le plan géométral de cette Pompe simple de quatre pouces un quart.

Produit de cette Pompe & élévation de son jet.

Le produit de cette Pompe mise en action par 3 hommes, est d'environ cent soixante livres d'eau, portée à l'élévation de soixante pieds par un jet parfaitement soutenu.

Divers services de ces Pompes indépendamment de celui des incendies.

On ajoute à volonté une longueur de boyaux de cuirs raccordés par des boîtes à vis en cuivre fondu, pour porter l'eau à de plus grands éloignemens, comme pour l'arrosement des jardins, des potagers, des prairies, &c.

Elles peuvent fournir de l'eau dans l'intérieur des maisons à leurs divers étages.

On peut les employer également à porter l'eau dans l'intérieur des maisons à leurs divers étages pour les besoins de propretés & autres. Lorsqu'on les fait servir à des arrosemens, on visse au bout de l'ajutoir une calotte percée de petits trous, & qui tient lieu d'un arrosoir; les arrosemens se faisant dans une direction presqu'horizontale, un seul homme suffit pour faire agir la Pompe.

Elles servent utilement à l'arrosement des voiles des Vaisseaux.

Comme elle est très-légere, on l'enleve avec facilité dans les hunes d'un Vaisseau pour arroser les voiles; ou bien sans l'élever dans les hunes, on remplit le même objet au moyen d'un allongement de tuyau refoulant.

Autre petite Pompe de même genre, différence de son produit.

On fait de plus petites Pompes de même genre & de même usage que la précédente, qui n'ont que trois pouces de diamètre: il n'y a de différence entr'elles que les produits. Celui de la Pompe de trois pouces n'est que moitié de celui de la Pompe de quatre pouces un quart, & les forces qu'elle exige sont en même raison. Son produit est d'environ quatre-vingts livres d'eau par minute, c'est-à-dire, plus de neuf barriques par heure. Elle se conduit aussi par-tout comme une brouette.

Leurs agrémens & leurs ressources dans les maisons des Villes & des campagnes.

Ces deux dernières petites Pompes, particulièrement celles de quatre pouces un quart, fournissent une multitude d'agrémens & de ressources à la campagne comme dans les Villes: c'est un meuble de maison presqu'inaltérable & sans frais d'entretien. Outre la commodité des arrosemens, &c. un commencement de feu pris dans un appartement est bientôt secouru & éteint par ces Pompes portatives.

Avec ce préservatif, on sauve un grand embrasement, des effets, des papiers précieux. Mais combien rarement ſe détermine-t-on à des précautions ſur l'avenir ? On écarte les idées ſiniſtres ſur les objets, qui, ſe montrant dans le lointain, ne font que peu d'impreſſion, & l'on n'eſt ordinairement affecté des déſaſtres accidentels, que lorſqu'ils ſont ſurvenus & irréparables. Sans ce foible de l'humanité, quel Citoyen un peu opulent n'auroit pas ſa maiſon pourvue d'un tel préſervatif ? y auroit-il une ſeule Ville en Europe qui ne fût pas précautionnée ou qui ne ſe précautionna pas contre l'événement des incendies, au moyen d'un nombre de fortes Pompes, qui, par leur conſtruction, ſont inaltérables, & qui n'exigent ni embarras ni frais ultérieurs ? La dépenſe de cette acquiſition faite (peut-être pour un ſiècle) ne ſouffre aucune comparaiſon avec les avantages qui doivent en réſulter.

AUTRE POMPE
A INCENDIE,
SUR UN CHARRIOT A QUATRE ROUES.

CETTE Pompe eſt compoſée d'après les mêmes principes & la même mécanique que les précédentes; mais elle eſt montée & miſe en action dans une forme tout-à-fait différente & inconnue. Un cheval ou des hommes la conduiſent par-tout. On rendra compte des motifs & des avantages qui réſultent de cette nouvelle forme, après en avoir donné la deſcription. *Planche ſixième.*

Le diamètre de cette double Pompe eſt de ſix pouces. Deſcription de cette Pompe.

A, ſont les piſtons de cuivre fondu, qui ont environ 24 pouces de longueur.

B, ſont les tuyaux de garde, ou corps de Pompe, auſſi de cuivre fondu, & de ſix pouces de diamètre intérieur.

C, ſont les ſoupapes d'aſpiration.

D, ſont les ſoupapes de refoulement.

E, ſont les regards à vis, pour viſiter les ſoupapes d'aſpiration & de refoulement. Voyez l'uſage de ces regards dans l'Obſervation 10me. pag. 32 & 33.

F, traverſes ou barrettes de cuivre au-deſſus des

ſoupapes, pour en fixer l'élévation dans leur jeu.

G, tuyau par lequel l'aſpiration eſt communiquée aux deux Pompes.

H, tuyau de la ſortie de l'eau pour le refoulement, lequel eſt renfermé dans l'intérieur du tuyau aſpirant G.

I, tuyau de cuir portant ſa boîte de raccordement en cuivre, qui ſe viſſe au tuyau de ſortie, & auquel tuyau s'adapte l'ajutoir dans une longueur arbitraire, au moyen d'un nombre de boîtes à vis, qui réuniſſent le tuyau de cuir refoulant à chaque diſtance de 25 à 30 pieds.

L, eſt une calotte de cuivre fondu qui ſe viſſe au bout de l'ajutoir, pour donner l'orifice convenable au jet de refoulement.

M, boîte à vis en cuivre fondu, ſervant à adapter à la Pompe ſon tuyau aſpirant.

N, tuyau aſpirant de cuirs avec des gobelets de cuivre dans l'intérieur. On lui ſubſtitue un tuyau aſpirant en cuivre avec des boîtes de raccordement de diſtance en diſtance, qui font l'effet d'une genouillère pour faire prendre au tuyau les infléxions deſirées, ainſi qu'on l'a vu planche cinquième, figure troiſième.

O, levier de la Pompe, briſé en deux parties dans ſon milieu, lequel a ſon point d'appui ou centre de mouvement en P.

Q, extrémités du levier où ſont de fortes traverſes en fer, à chacune deſquelles on attache 15 à 16 cordes, pour y faire agir autant d'hommes.

R, montants

R, montans de fer, qui servent à fixer invariablement l'emplacement de chaque Pompe sur son chassis de bois.

S, tirans de fer, qui tiennent par des points mouvans, au levier & aux tirans des pistons.

T, branche de fer ou tirant tenant par un point mobile dans le fond du piston, au haut de laquelle branche est une fourchette qui embrasse les montans de fer R, & sert à diriger la course du piston.

V, clef de fer servant à serrer les boîtes de raccordement & les regards à vis.

Avec cette Pompe, de même qu'avec les autres Pompes à incendie, la Manufacture fournit deux calottes en cuivre fondu, dont les orifices sont de différentes grandeurs, pour être vissées au bout de l'ajutoir avec choix, relativement à l'élévation où l'eau doit être momentanément portée; le plus petit orifice sert pour la plus grande élévation dont la Pompe est susceptible, eû égard à son diamètre & au nombre d'hommes qu'il est possible d'y employer. On préfere le plus grand orifice, lorsque l'eau doit être portée à une moindre élévation. Dans ce dernier cas, le même nombre d'agens travaillans avec plus de facilité, donneront beaucoup plus de coups de piston, & par conséquent plus de produit; ou bien on pourra conserver un même produit en supprimant une partie des agens pour les employer ailleurs.

Choix à faire de l'une des deux calottes de l'ajutoir, suivant les circonstances.

Si (par exemple) avec la calotte du plus petit orifice d'une Pompe quelconque, l'eau est portée à

Pourquoi le choix de l'une des deux calottes est essentiel suivant les besoins.

l'élévation de 60 pieds avec quatre hommes, deux hommes suffiront pour porter dans un même espace de tems, la même quantité d'eau à l'élévation de trente pieds, avec une calotte dont l'orifice sera d'une double continence. Les connoisseurs versés dans cette matiere, sçavent faire usage de cette progression ; mais comme elle n'est pas connue de la plupart des personnes, des Magistrats, qui, par état & par amour pour le bien public, donnent des ordres, & veillent aux événemens des incendies, on a crû, autant que cet ouvrage concis peut le permettre, ne devoir négliger aucune observation utile, dans un objet aussi intéressant pour l'humanité.

X, est un chassis de charpente sur lequel la Pompe est montée, & ce chassis est placé & solidement maintenu avec quatre forts crampons, sur un chariot à quatre roues, tant pour la facilité de transporter commodément & promptement la Pompe d'un lieu à un autre, qu'afin que le grand levier O soit à une élévation convenable pour le tirage des hommes par les cordes Q.

Avant que de mettre cette Pompe en action, on releve la limoniere du charriot, afin de laisser libre l'espace nécessaire aux hommes agens.

Maniere de monter & démonter cette Pompe, de l'emballer, &c.

S'il est question de la démonter, on détache du levier les tirans qui tiennent au piston, & on ôte de sa place ce levier qui se divise en deux parties : on enleve ensuite chaque piston, que l'on sort de son tuyau de garde. Ces diverses pièces sont repairées ainsi que tous les autres ferremens, qui restent tels qu'ils sont fixés sur le chassis de charpente X.

Si l'on est dans le cas d'embarquer cette Pompe, ou de l'envoyer par terre dans des lieux éloignés, on la démonte, comme il vient d'être dit; on détache du charriot le chassis de charpente monté de toutes les pièces qui y restent fixées: ce chassis avec les pièces s'emballent ensemble. On emballe séparément chaque piston & chaque soupape avec beaucoup de paille, de manière que ces pièces ne puissent pas être meurtries. On ôte les roues de leurs essieux & on fait passer le tout à sa destination, où la Pompe est remontée par les mêmes procédés qui ont servi à la démonter. On trouve sur les bords supérieurs des tuyaux de garde ainsi qu'aux pistons, des repaires qui indiquent comment les pistons doivent être placés. Avant de les remettre en place dans leur tuyau de garde, il est bon de les enduire légérement d'huile ou de suif, pour en faciliter l'introduction.

Nécessité de bander exactement le réservoir d'air, & manière de le faire, lorsqu'on met la Pompe en action.

Lorsqu'on met en action une Pompe à incendie, l'homme qui dirige l'ajutoir doit tenir l'orifice de cet ajutoir exactement fermé avec le pouce jusqu'à ce que la Pompe soit chargée d'eau & son réservoir d'air parfaitement bandé: ce qui se connoît lorsque l'effort du pouce de l'homme ne peut qu'avec peine résister à l'effort que fait la colonne d'eau pour s'ouvrir le passage.

Pour fermer cet orifice dans les fortes Pompes, on se sert d'un bouchon de liége, particulierement pour celles de ſix pouces montées ſur un charriot. L'orifice de leur ajutoir étant de dix, onze ou douze lignes de diamètre; le pouce n'a ni la largeur, ni la puiſſance néceſſaire pour tenir le paſſage fermé: enſorte qu'il convient que l'homme appuie, contre le pavé ou contre tout autre corps ſolide, l'ajutoir fermé de ſon bouchon, juſqu'à ce que la Pompe ſoit entièrement chargée; c'eſt ce qui ſe connoît lorſque l'effort des hommes-agens devient impuiſſant pour faire mouvoir les piſtons; alors celui qui tient l'ajutoir le dégage de ſa preſſion contre le pavé, le bouchon eſt emporté par le jet, & la Pompe eſt en action.

Comment on connoît ſi l'air extérieur a pénétré dans l'intérieur de la Pompe, & comment cela ſe rectifie.

Si l'eau du jet d'une Pompe à incendie ſe diverge & petille en s'élevant, ce qui ne peut arriver que par des particules d'air échappées de l'intérieur de la Pompe; c'eſt une preuve que l'air extérieur y a pénétré, ſoit par les boîtes qui ſervent de regard aux ſoupapes, ſoit par les boîtes de raccordement du tuyau d'aſpiration: il faut ſur le champ courir au remede, en reſſerrant les boîtes qui paroîtront en avoir beſoin.

Attention qu'il faut avoir eu égard au tuyau d'aſpiration lorſqu'on veut transférer une Pompe d'un lieu à un autre.

Lorſqu'on veut transférer une Pompe d'un lieu à un autre, on ploye les bouts qui forment le tuyau d'aſpiration les uns à côté des autres après en avoir tant ſoit peu deſſerré les boîtes de raccordement qui les réuniſſent. On les couche enſuite ſur la Pompe qui eſt menée à ſa deſtination; & après avoir mis le bas du tuyau d'aſpiration dans les nouvelles eaux, on ſerre de nouveau les boîtes de raccordement.

JEU ET PRODUIT

DE CETTE POMPE.

Quinze à ſeize hommes appliqués de chaque côté de cette Pompe, aux cordes ſuſpendues aux extrémités du levier Q, font agir cette Pompe. Dans cette forme, ils ont la faculté de faire parcourir quatre pieds de chemin aux extrémités du levier, tandis que les piſtons parcourent alternativement vingt pouces.

Produit de cette Pompe.

Le diamètre des piſtons eſt de ſix pouces extérieur. Il ſe donne avec aiſance ſoixante à ſoixante-dix coups de piſton en une minute; il ne ſe fait aucune perte d'eau ſenſible, eu égard à la préciſion du travail. Le produit par coup de piſton eſt d'environ 23 livres d'eau, & il eſt d'environ 1500 liv. par minute.

Avantages qui réſultent de la nouvelle forme de cette Pompe & de la manière de la faire agir.

Deux avantages conſidérables réſultent de la nouvelle forme donnée à cette Pompe; l'un eſt, que les agens ont la faculté de faire parcourir quatre pieds de chemin aux extrémités de ſon levier, & vingt pouces de levée à ſes piſtons, dans un temps à peu près le même que celui qu'employent les agens des autres Pompes, à ne faire parcourir qu'environ deux pieds à leurs leviers, & au plus huit à neuf pouces à leurs piſtons: de ſorte qu'au moyen de cette nouvelle forme, un même nombre d'hommes, en un même eſpace de temps, donne plus d'une double quantité d'eau, parce que les pistons parcourent plus d'un double chemin. L'autre avantage de cette forme, est la faculté d'employer à cette Pompe un grand nombre d'hommes, dont l'espece ne manque jamais dans les cas malheureux d'incendies. On peut y en appliquer trente & quarante sans embarras, au lieu qu'on ne peut en employer douze ou quinze aux autres Pompes sans qu'ils s'embarrassent entr'eux. Or, comme les grands produits & les grandes élévations d'eau ne peuvent s'acquérir qu'en raison des forces multipliées qu'on y employe, cette faculté par la nouvelle forme, multiplie encore l'avantage des produits & des élévations d'eau.

Autre avantage de cette Pompe par la grosseur & la vélocité de son jet.

Il est encore essentiel d'observer que ces avantages, en produits & en élévation s'operent par un seul jet, dont la grosseur, la vélocité & l'abondance, absorbe, pénétre, détache, détruit les charbons ardens des bois incendiés, & produit sans comparaison plus d'effet que six & huit autres Pompes, qui donneroient séparément entr'elles une même quantité d'eau par différens petits jets.

Elles peuvent aussi se placer avantageusement sur une Barque, sur un Radeau, dans un Port de mer, un Bassin, un Canal, pour servir au besoin, à la conservation des Vaisseaux, des Magasins & des Maisons qui avoisinent.

Utilité de cette Pompe si elle est placée dans un bateau

Placées dans des Barques, sur des Canaux, sur des Rivières qui traversent l'intérieur des Villes, elles peuvent être conduites avec célérité au lieu le plus voisin d'une maison incendiée, soit pour y porter l'eau directement au moyen d'un grand allongement de tuyaux de cuirs, si cela est praticable, soit pour remplir promptement sur les bords de la rivière, ou sur des quais élevés, des tonneaux portés par des charrettes qui voitureroient successivement à l'incendie, & qui y nourriroient abondamment d'eau les Pompes qui travailleroient directement à éteindre le feu.

ou radeau, sur une riviere, un canal, dans un port de mer, &c.

Si ces Pompes étoient de la nouvelle invention, qui ne peuvent être dérangées par des cuirs, ni s'engorger par des sables, par des ordures, il est moralement assuré qu'aucune incendie ne tiendroit à cette opération, sur-tout, si ces dernières étoient d'un produit raisonnable, telles que sont les doubles Pompes de quatre pouces un quart & celles de six pouces. Avec de bonnes Pompes & beaucoup d'eau les incendies seront sans progrès, le feu sera éteint dans son principe.

A l'indication qu'on vient de donner des charrettes pour voiturer des tonneaux d'eau aux incendies, personne ne méconnoîtra une branche du bel & vaste établissement nouvellement formé par M. de Sartine, Conseiller d'Etat, Lieutenant Général de Police actuel de la Ville de Paris, pour la sureté de ses habitans dans cette partie. Heureux, si les nouvelles Pompes, particulierement celles proposées sur des bateaux, peuvent contribuer encore pour quelque chose à la solidité de cet utile établissement qui semble ne pouvoir être trop promptement imité dans les Villes d'un rang inférieur.

Il seroit à désirer que le bel établissement, eu égard aux incendies, formé par M. de Sartine, Lieutenant Général de Police à Paris, fût imité, en petit, dans les Villes de moindre rang.

Attention nécessaire sur la position des hommes qui font agir des Pompes par le tirage des cordes, soit à l'usage des Incendies, de la Marine ou ailleurs.

On observe que les hommes qui font agir des Pompes par le tirage des cordes, dans quelque cas que ce puisse être, pour la Marine, les Incendies & ailleurs, doivent d'abord être mis dans la position la plus naturelle & la plus avantageuse pour ce travail. Lorsque chaque bout du levier où les cordes sont attachées, est alternativement dans toute son élévation, chaque agent porte ses mains le plus haut possible au-dessus de sa tête, où il empoigne sa corde, qu'il ne quitte plus au point qu'il l'a une fois saisie; c'est son corps qui fait toute l'action de la baissée & de la relevée. Si les agens changeoient les emplacemens de leurs mains, ils ne tireroient plus ensemble, il y auroit bientôt contrariété dans les mouvemens & les forces uniformes avec lesquelles les leviers des Pompes doivent être mis en action. Cette forme qu'il convient de montrer aux hommes-agens, doit être exactement observée.

On a fait voir plus haut page 25, les grands avantages que l'on tire de la position des hommes qui font agir les Pompes par le tirage des cordes; c'est une autre propriété qui est particuliere aux nouvelles Pompes sans cuirs, & qui émane de ce que leur piston sont sans frottement sensible, & redescendent par eux-mêmes avec toute leur pesanteur. Il est évident que cette position des hommes, par le tirage des cordes, n'est pas praticable dans l'usage des Pompes connues, qui nécessitent une force quelconque pour vaincre la résistance des frottemens

frottemens du piston dans leur descente comme dans leur montée. Les nouvelles Pompes n'eussent-elles acquises que la faculté de cette position par la nature de leur forme, quelle supériorité n'en résulte-t-il pas pour leur produit ?

RÉSULTAT

De ce qui vient d'être dit concernant les Pompes à Incendie.

1°. *ON a vu que le produit des nouvelles Pompes à incendie est naturellement supérieur aux autres, par la suppression des frottemens des cuirs des pistons.* pag. 5. 6. 7. 24. 25 & 27.

2°. *Que leur jet ne se fait pas par éjaculation, mais qu'il porte entierement son eau à l'endroit incendié.* page 43.

3°. *Qu'elles se chargent d'eau par elles-mêmes dans toute sorte de position.* pag. 41 & 42.

4°. *Qu'elles n'ont pas besoin d'être amorcées pour être mises en action.* page 26.

5°. *Qu'elles peuvent être appliquées à divers usages utiles & agréables, pour l'intérieur des maisons, les arrosemens des jardins, &c.* pag. 8. 44. 45 & 46.

6°. *Que leur durée presqu'inaltérables, les rend en quelque sorte un immeuble dans une famille,* page 45.

7°. *Qu'à ces divers avantages, se réunit celui de l'économie : leur prix est moindre ou tout au plus égal à celui des meilleures Pompes usitées de même diamètre, leur durée est infiniment supérieure, & elles ne coûtent ni réparations ni entretien.* page 43.

8°. *Qu'enfin (ce qui est un point capital) elles ne sont pas susceptibles d'être engorgées par des sables, par des ordures qui en dérangent les cuirs, desorte que leur service est invariablement assuré, lors des événemens funestes d'incendie.* pag. 28. 29. 30. 31. 32 & 34.

9°. *D'ailleurs, quelles ressources ne tirera-t-on pas de la nouvelle forte Pompe à incendie sur un chariot à quatre roues, laquelle peut aussi être placée sur un bateau, sur un radeau.* pag. 54 & 55.

On a vu au contraire:

1°. *Que la résistance qu'éprouvent les Pompes à incendie actuelles par les frottemens des cuirs de leur piston, doivent rendre nécessairement leur jeu plus difficile, plus ralenti, & leur produit bien moindre que celui des Pompes sans cuirs,* pag. 5. 6. 7 & 27.

2°. *Que ces cuirs sont sujets à se renfler, à se dessécher, à se déranger, à des attentions continuelles & frais d'entretien.* pag. 5 & 6.

3°. *Qu'il faut les amorcer pour pouvoir les mettre en action, & employer à la plupart de ces Pom-*

*pes un nombre d'hommes pour y porter l'eau né-
ceſſaire à les nourrir.* pag. 6. 26 & 42.

4°. *Que le jet de preſque toutes ſe faiſant par éjaculation, une bonne partie de l'eau retombe avant que d'être parvenue à l'endroit incendié.* page 43.

5°. *Qu'enfin, leurs cuirs les rendent ſujettes à de fréquens dérangemens, à des engorgemens par des ſables, par les moindres ordures, qui arrêtent ſubitement le jeu de ces Pompes, ce qui eſt le comble des inconvéniens que l'on ſçait n'être que trop ſouvent réaliſés.* pag. 4. 6 & 34.

D'après le contraſte de ces tableaux, tout le monde eſt en état de juger d'un choix qui mérite la plus ſérieuſe conſidération pour le bien public.

Planche 3.

Berthault Sculp.

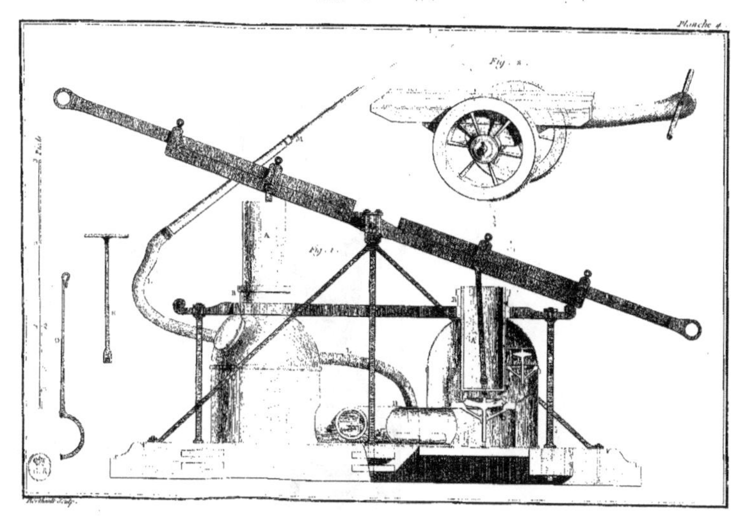
Planche 4.
Fig. 2.
Fig. 1.

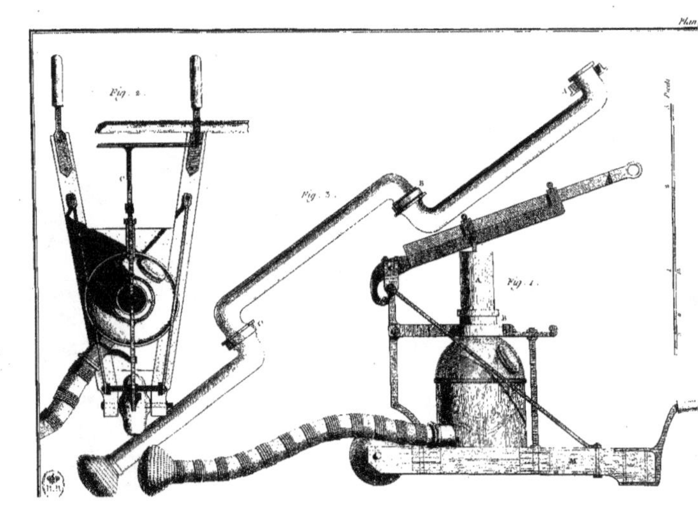
Fig. 2.
Fig. 3.
Fig. 1.

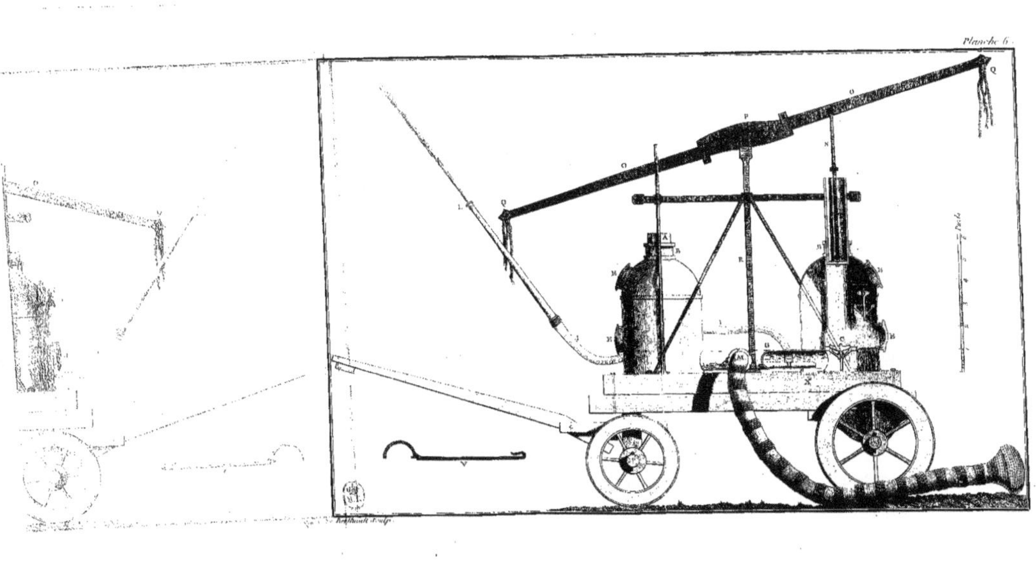

POMPES
POUR
ÉLEVER L'EAU DES PUITS,
DES MINES, DES CARRIERES,

POUR servir aux Brasseries, Teintureries, Manufactures, à épuiser les fouilles des Bâtimens, aux grands épuisemens des Marais.

CES Pompes se font de deux formes différentes; les unes sont nommées Pompes à piston intérieur, telles sont les Pompes des Vaisseaux: les autres sont nommées Pompes à piston extérieur, ou Pompes à bec de corbin, desquelles on donnera ci-après la description. Les unes & les autres ont les mêmes propriétés, les mêmes avantages, & sont composées d'après les mêmes principes.

Pour partir d'un point fixe, eu égard à la hauteur de ces Pompes, on les annonce toutes ici, pour une élévation uniforme d'eau d'environ quinze pieds, dans laquelle longueur se trouve renfermée toute leur mécanique. On augmente cette élévation à volonté, en augmentant les tuyaux montants.

Les Pompes à piston intérieur sont des Pompes à épuisement, telles précisément que la Pompe des Navires Marchands, décrite planche première, figure deuxième, page 20, à laquelle on renvoye pour éviter des répétitions.

La position, la forme & la longueur données au levier, doivent être remplies avec attention, de manière que la levée du piston soit de seize à dix-huit pouces, pour avoir de cette Pompe toute l'eau dont elle est susceptible.

Par un homme, elle donne alors, à l'élévation de quinze à seize pieds, environ quatre cents livres d'eau par minute.

Différens produits suivant les diverses élévations.

Si la Pompe est allongée pour dégorger, par exemple à trente pieds, & qu'on puisse se contenter de deux cents livres d'eau par minute, le même homme suffira en doublant la longueur de la queue du levier, de maniere que l'homme parcourant toujours un même chemin, la levée du piston ne sera plus que de huit à neuf pouces au lieu de dix-huit.

Si l'on veut avoir les quatre cents livres d'eau à trente pieds, il faut y employer deux hommes sans allonger le levier; si c'est à quarante-cinq pieds, il faut y employer trois hommes: à soixante pieds, il en faut quatre, & ainsi du reste.

Dans cette forme de Pompes, dont les pistons sont intérieurs, ainsi que dans celles qui ont leurs pistons extérieurs, il s'en fait de tout diamètre & de tout produit, pour les plus grands, comme pour les plus petits besoins.

On en fait de deux pouces une ligne & demie de diamètre, dont le prix modique peut mettre tout citoyen à portée de jouir des avantages de ces Pompes, lorsqu'il n'a besoin que d'une petite quantité d'eau. Telles sont, par exemple, les Pompes domestiques pour les puits des maisons bourgeoises, pour les puits des jardins, des potagers. Elles donnent par un homme depuis la moindre élévation jusqu'à celle de soixante pieds, environ cent livres d'eau par minute, leurs pistons parcourant seize à dix-huit pouces de chemin; si l'élévation est bien moindre, un enfant peut donner ce même produit; si l'élévation est plus forte, par exemple de cent vingt pieds, on double alors la longueur de la queue du levier, & on a par un homme cinquante livres d'eau par minute, ce qui est suffisant en bien des cas.

Produit des petites Pompes de deux pouces une ligne & demie de diamètre.

Celles du diamètre de trois pouces, donnent également par un homme, & par minute, environ deux cents livres d'eau, à l'élévation de trente pieds, la levée du piston étant de seize à dix-huit pouces.

Produit de celles de trois pouces.

Celles du diamètre de quatre pouces un quart, de six pouces, de huit pouces & demi, & de dix pouces, ont été examinées dans la description des Pompes à épuisemens pour les Vaisseaux, pag. 5. 13. 17. 23. 24 & 25, où l'on renvoye le Lecteur.

Les produits des autres Pompes se trouvent détaillés pages 5. 13. 17 & suivantes, dans la description des Pompes pour les Vaisseaux.

La figure première représente l'autre genre de Pompes appropriées pour les usages indiqués dans cet article. Leur piston est extérieur; on les nomme Pompe à bec de corbin, à cause de leur forme.

Planche septième.

Figure première.

Leurs produits, leurs propriétés, & les forces qu'elles exigent, sont les mêmes que ce qui vient d'être dit sur les Pompes à piston intérieur. La seule différence entr'elles, est que le levier d'une Pompe à piston intérieur, doit nécessairement être placé au-dessus de la Pompe & de son dégorgement, au lieu que le levier de la Pompe à bec de corbin est placé à volonté pour porter l'eau à des élévations arbitraires au-dessus du sol, c'est-à-dire, 15, 30, 60, 100 & 200 pieds.

Description des Pompes, dont les pistons sont extérieurs, nomméesPompes à bec de corbin.

A, est le bas de la Pompe à bec de corbin qui trempe dans les eaux à élever.

B, est une espece de crible percé d'une infinité de petits trous, placé dans l'intérieur du bas de la Pompe, pour empêcher l'introduction des grosses ordures dans l'aspiration.

C, est l'emplacement de la soupape d'aspiration.

D, est le regard ou boîte à vis de cuivre fondu, qui s'ouvre à volonté, pour visiter les soupapes d'aspiration & de refoulement.

E, est une traverse ou barette de cuivre, qui s'ôte & se remet à volonté, & qui sert à fixer l'élévation de la soupape d'aspiration.

F, est un tuyau de cuivre rouge en planche, adapté en forme de bec de corbin à la Pompe.

G, est le corps de Pompe ou tuyau de garde de cuivre fondu, qui tient au bas du tuyau de cuivre en planche F.

H, est le piston dans son tuyau de garde.

I, est l'emplacement de la soupape de refoulement.

K, est

K, eſt une entretoiſe de fer, dans le milieu de laquelle tient le bas du piſton par un point mobile, à chacun des bouts de cette entretoiſe qui ſont faits en tourillons, ſont deux branches de fer, qui ſe réuniſſent au tiran du piſton qui répond au levier, par lequel la Pompe eſt miſe en action.

Les deux branches L, tenues dans le bas aux tourillons de l'entretoiſe K, ſont guidées dans le haut à couliſes, par deux branches de fer, ſolidement attachées à chaque côté du tuyau F à bec de corbin, de maniere que le jeu du piſton dans ſa montée & dans ſa deſcente, ſe fait conſtamment ſuivant la direction de ſon tuyau de garde.

M, eſt une eſpece de cuvette ou tuyau de cuivre, qui enveloppe le tuyau de garde & le piſton, & qu'on remplit d'eau quand la Pompe eſt poſée. Sa deſtination n'eſt autre choſe que de tenir ſans ceſſe le piſton baigné d'eau, afin de prévenir toute introduction d'air dans l'intérieur de la Pompe. Cette cuvette eſt garnie de fer par-deſſous & de deux tirans de fer par ſes côtés, qui s'accrochent à des ferremens adaptés à la Pompe à cet effet, pour porter ladite cuvette: elle peut s'ôter & ſe remettre à volonté, afin d'avoir la faculté de viſiter le piſton quand on veut. Quoique l'eau de la cuvette s'entretienne par elle-même, il eſt bon toutefois d'y en jetter quelques ſeaux au bout d'un certain tems de travail, même d'en nettoyer les ordures qui pourroient y être tombées.

N, eſt une forte planche ou pièces de charpente, à

laquelle s'attache la Pompe par deux collets de fer: on ne fait uſage de cette pièce de bois que ſuivant les circonſtances du local. Elle s'attache ſolidement contre les murs du lieu où la Pompe doit agir, & l'on donne à cette pièce de bois la longueur convenable à ce qu'elle poſe, ſi cela ſe peut, au fond de l'eau, de manière toutefois qu'il y ait entre le fond & le bas de la Pompe une diſtance ſuffiſante, pour que l'eau puiſſe y entrer & y monter librement. Delà il eſt néceſſaire de reconnoître préalablement quelle eſt la ſolidité de ce fond, afin que dans le cas où il ſeroit mobile, on ait attention à ſoutenir & attacher ſolidement la pièce de bois & la Pompe, ſoit contre les murs, ſoit à des pièces de bois de traverſe duement ſcellées dans les parois des murs. Enfin, il n'eſt pas poſſible de donner des renſeignemens diſtincts & décidés ſur la manière de poſer ces Pompes: cela dépend des lieux & des circonſtances. Il ſuffit de dire qu'elles ſont miſes en place, comme l'ont été juſqu'à ce jour les Pompes ordinaires, ce qui eſt connu de tous les ouvriers dans tous les pays.

Cette obſervation tombe également ſur ce qui concerne les Pompes à piſton intérieur, qui doivent, comme celles à bec de corbin, être miſes en place ſuivant la diſpoſition des lieux.

JEU DE CETTE POMPE.

Avant que de la mettre en action, il faut avoir attention de reconnoître, si la pesanteur du piston, qui n'éprouve aucun frottement sensible, réunie à la pesanteur de son tiran & de la partie du levier qui le soutient, ont assez de puissance pour vaincre le poids de la partie opposée du levier & la résistance de l'athmosphère dans l'aspiration. Quand la Pompe est posée, on charge plus ou moins l'un des côtés du levier, de manière à faire pencher l'équilibre du côté du piston, qui, à chaque vibration, doit descendre avec célérité par lui-même.

Attention concernant les leviers de ces Pompes.

Lorsque le piston descend de dix-huit pouces l'athmosphère qui presse la surface des eaux d'en-bas, fait monter une colonne d'eau égale au chemin parcouru par le piston, la soupape d'aspiration est soulevée, & celle de refoulement reste exactement fermée.

Dès que l'agent baisse son levier pour faire remonter le piston, la soupape d'aspiration se ferme, celle de refoulement s'ouvre, & l'eau est portée à sa destination par le tuyau montant.

La précaution qu'on vient d'indiquer pour que l'équilibre soit emporté du côté du piston, dans les Pompes à bec de corbin, doit être également prise dans les Pompes à piston intérieur : en observant que si le côté du piston doit être surchargé, il convient que ce soit par une lame de plomb, qui em-

Même attention, pour les leviers des Pompes à piston intérieur.

braſſe le bas du tirant le plus près poſſible du piſton, afin que cette ſurcharge contribue d'autant à tenir le tirant ſans ceſſe tendu.

Les tuyaux montans peuvent être d'un diamètre très-inférieur au diamètre du corps de Pompe. Examens des avantages qui en réſultent.

Par des motifs combinés, on ne donne à peu près au tuyau montant, que la troiſième ou la quatrième partie de la continence du corps de Pompe, c'eſt à-dire, qu'on ne donne par exemple, que trois pouces de diamètre à une Pompe de ſix pouces.

On obſerve que dans le refoulement, l'étranglement n'eſt d'aucune conſéquence, & ne néceſſite pas, comme dans l'aſpiration, qui n'a pour agent que le poids de l'athmoſphère, une augmentation de puiſſance, eu égard à l'analogie connue des forces & des viteſſes.

Suppoſons (dans le cas donné d'une Pompe de ſix pouces) que la colonne d'eau à ſoulever étant dans un tuyau montant également de ſix pouces, fût du poids de quatre cents livres, abſtraction faite de toute autre réſiſtance. Or, dans l'autre cas du tuyau de trois pouces, il ne faut également que les mêmes quatre cents livres de puiſſance, c'eſt-à-dire, cent livres qui ſont employées à ſoutenir le poid de la colonne d'eau de trois pouces, réduit à cent livres, & les autres trois cents livres, à opérer les viteſſes néceſſaires à la montée de l'eau dans le petit tuyau de trois pouces.

Par le tuyau aſpirant de ſix pouces, comme par le tuyau montant de trois pouces, la puiſſance motrice eſt donc conſtamment la même, excepté, peut-être, un peu plus de frottement d'eau dans le tuyau de trois pouces, mais la préférence donnée à ce petit tuyau eſt fondée ſur des avantages aſſez conſidérables.

Ces tuyaux ſe font en cuivre, en plomb, en fer, ou en bois. Quelque matière qu'on y employe, une colonne d'eau de ſix pouces, d'une certaine élévation, eſt une forte maſſe, qui exige des tuyaux d'une épaiſſeur proportionnée; ils ſont beaucoup plus coûteux que ceux de trois pouces, tant par la différence des épaiſſeurs, que par celle des diamètres; ils occupent plus de place; ils ſe poſent & ſont maintenus avec plus de difficulté: ainſi les petits tuyaux ſont préférables aux grands, non-ſeulement par les moindres difficultés qu'ils occaſionnent, mais plus encore par l'objet conſidérable de l'économie ſur les matières.

Les cas où doivent être préférées les les Pompes à piſton intérieur.

Les Pompes, dont les piſtons ſont intérieurs, doivent être préférées pour le ſervice de mer, comme auſſi dans les cas où il eſt queſtion de tirer de plus grandes profondeurs, l'eau qui peut en être élevée dans une direction verticale, pour être dégorgée préciſément au-deſſus de la Pompe & quelque peu au-deſſus du ſol, ſoit qu'elles ſoient miſes en action par des hommes, ou avec des machines par des chevaux, des chûtes d'eau, &c.

Pompes pour les Mines.

Tel eſt le cas des Pompes pour les Mines. On établit de cinquante en cinquante pieds ou environ, des baches ou repos, dans leſquels dégorgent les Pompes ſurmontées les unes au-deſſus des autres, jusqu'à l'élévation nécessaire où se fait l'évacuation. On se ménage aussi la faculté de descendre plus ou moins la Pompe qui trempe dans les eaux d'en-bas, à mesure des approfondissemens qui se font à la mine, de manière qu'on ne soit point obligé de déranger les Pompes supérieures.

Les cas qui exigent des Pompes à bec de corbin.

Les Pompes à bec de corbin servent à prendre l'eau à de moindres profondeurs, pour la porter à de grandes élévations au-dessus du sol, par des tuyaux arbitrairement allongés selon les emplacemens, & la faire dégorger dans l'éloignement du lieu où les Pompes sont posées, sans aucun égard à la direction verticale, par quelques machines & moteurs qu'elles soient mises en action. Dans ce cas sont les eaux à tirer des rivières, des sources abondantes pour les porter dans des réservoirs éloignés, d'où elles sont distribuées & conduites à leurs destination pour le besoin des habitans des villes, pour abreuver les bestiaux des campagnes, pour opérer de grands arrosemens, se procurer des bassins d'eau, des cascades, des eaux jaillisantes.

Comme les pistons des Pompes à bec de corbin sont extérieurs & à découvert, de manière qu'on peut en voir tout le jeu; c'est d'une de ces Pompes qu'on se sert journellement à la Manufacture, pour prouver par le fait que les pistons agissent sans frottement sensible.

Planche septième. Figure deuxième.

La figure deuxième de la planche septième, représente cette Pompe dénuée de tous ses ferremens;

ſon piſton A n'eſt autre choſe qu'un cylindre de cuivre fondu, qu'un homme introduit de bas en haut avec la main, dans ſon tuyau de garde ou corps de Pompe B. Le poids de ce piſton eſt d'environ huit livres & demie, qui équivalent à peu près à la réſiſtance de l'aſpiration qui ſe fait à ſix pieds dans les eaux d'en-bas. Cet homme hauſſant & baiſſant le piſton, fait bientôt monter & dégorger l'eau par la ſoupape de refoulement C : cette ſoupape refermée, il abandonne le piſton, qu'on voit avec étonnement ſe ſoutenir par lui-même malgré ſon poids de huit livres & demie, & qui eſt en effet porté par la colonne d'air inférieure, ſans qu'il ſe faſſe aucune perte d'eau par l'interſtice du piſton & de ſon tuyau de garde. Si on donne alors, avec les doigts, une impulſion d'un inſtant pour faire tourner ſur lui-même le piſton dans ſon tuyau de garde, on le voit tourner rapidement comme ſur un pivot pendant un nombre de ſecondes, quoiqu'il n'ait d'autre ſoutien que la colonne d'air. Si on leve avec la main la ſoupape refoulement qui arrêtoit l'action de la colonne d'air ſupérieure, de ſuite le piſton, également preſſé par les deux colonnes d'air du haut & du bas, tombe comme une maſſe de tout ſon poids. Il n'eſt pas poſſible de mieux prouver par le fait, par une démonſtration plus ſolide & plus à la portée de tout le monde, que les piſtons des nouvelles Pompes agiſſent ſans aucun frottement ſenſible.

Expérience, qui prouve invinciblement que les piſtons de ces Pompes agiſſent ſans frottement ſenſible.

Réflexion simple au sujet de cette expérience.

De-là se présente une réflexion simple, naturelle à tout homme de bon sens, qui prouve clairement la supériorité du produit de ces Pompes sur toutes autres. Il est certain que les anciennes éprouvent par les frottemens des cuirs des pistons, comme par les étranglemens d'eau des résistances considérables que n'éprouvent pas celles-ci sans cuirs, sans frottement de piston & sans étranglemens d'eau. Or, il est évident que la Pompe qui a de bien moindres résistances à vaincre, doit agir plus librement en même raison, & qu'elle doit donner plus de produit que l'autre avec de moindres forces, toutes choses supposées égales d'ailleurs.

On étame toutes les Pompes dont les eaux sont destinées à la boisson.

Toutes les Pompes, dont les eaux sont destinées à la boisson des hommes, comme des animaux, sont étamées intérieurement, même extérieurement, afin d'écarter toute idée & toute crainte de verd-de-gris.

Précaution contre les événemens des fortes gelées, eu égard aux Pompes.

Pour préserver les nouvelles Pompes à tous usages des événemens des fortes gelées, qui font crever toutes les Pompes qu'on laisse remplies d'eau, on a pratiqué un peu au-dessus de chaque soupape une petite ouverture, fermée exactement par une vis, que l'on ôte à tems pour laisser écouler l'eau, & qu'on remet lorsque la gelée est passée.

Précaution particulière contre les fortes gelées à l'égard des Pompes placées dans des puits.

A l'égard des Pompes placées dans des puits, la gelée n'y pénétre pas au-delà de dix à douze pieds. Pour éviter l'embarras de descendre à cette profondeur, au lieu d'une vis, on y pratique un robinet ajusté de manière qu'au moyen d'un renvoi attaché

ché au niveau de la margelle, on ouvre le robinet pour laisser écouler l'eau & on le referme à volonté.

Manière de préserver des fortes gelées, les Pompes à incendie.

Les Pompes à incendie n'ont besoin d'aucunes de ces précautions eu égard aux gélées; en ouvrant la boîte qui réunit le tuyau d'aspiration à la Pompe, ainsi que la boîte ou regard de sa soupape de refoulement, on peut en faire sortir entierement l'eau en la renversant sur le côté.

Diverses utilités des vis qui servent à décharger les Pompes de leur eau.

On se sert du même moyen des vis dont on vient de parler, pour faire écouler les eaux des Pompes à tous usages, lorsqu'on veut en ouvrir quelques boîtes de raccordement ou quelques boîtes servant de regard aux soupapes. Par cette précaution, on évite d'être brusquement inondé par une trop subite évacuation, on rend la Pompe plus facile à manier en commençant par la débarrasser de la colonne d'eau dont elle est chargée, & alors on souleve aisément cette partie vuidée, en l'attachant avec une corde que l'on tire d'en-haut.

On a vu que, dans le tuyau du bas de chaque Pompe à piston intérieur & à piston extérieur, on place un crible pour arrêter le passage des grosses ordures. On conseille encore d'y ajouter un surcroît de précaution, en mettant le bas de chaque Pompe dans un panier d'ozier ou mannequin, même de l'entourer d'un gros linge. Le fond de ce panier se charge d'une pierre ou autrement, afin qu'il ne puisse pas s'élever, & de manière qu'il y ait toujours trois ou quatre pouces de distance entre le fond & l'ouverture de la Pompe pour laisser un libre paſſage à l'eau. Cette précaution ne peut qu'être utile à tous les uſages, même aux Pompes de mer; mais on l'eſtime néceſſaire dans tous les cas d'épuiſement, tels que ceux pour approfondir des puits, pour toutes ſortes de fondations de bâtimens & autres, pour l'approfondiſſement des mines, les deſſéchemens des marais; enfin, dans tous les cas où il s'agit d'élever des eaux qui paſſent dans des terres, des ſables, des graviers, nouvellement remués: il convient même de ſonder, de viſiter ſouvent le mannequin, pour en ôter les matières qui pourroient s'être accumulées & fermer l'ouverture de la Pompe.

Le choix & la compoſition des machines pour élever l'eau avec des Pompes, autrement que par des hommes, dépendent des circonſtances & du local.

Il n'eſt pas praticable de déterminer le genre de machines qu'on doit employer pour élever des eaux par des chutes ou courants d'eau, par des chevaux ou bœufs, par des machines à feu, par la puiſſance des vents; c'eſt un choix qui dépend du local, & qui en a toujours dépendu dans l'uſage qu'on a fait des Pompes connues. Les nouvelles Pompes, comme on a pu le remarquer dans les deſcriptions, ſont de nature à être miſes en action dans tous les cas, par les mêmes moyens, & dans la même forme que les Pompes uſitées. Les avantages de leurs produits & de leurs autres propriétés ſe tirent de leur compoſition, & ſont indépendans de la machine par laquelle elles agiſſent, qu'on doit néanmoins ſuppoſer faite d'après les principes de mécanique connus.

D'ailleurs, le travail de la fabrication des nouvelles Pompes dans ſon objet principal (le ſervice de la Marine & celui des incendies) eſt trop étendu pour qu'on puiſſe ſe charger de faire exécuter dans la Manufacture aucunes des machines propres à les faire agir autrement que par des hommes : c'eſt une loi qu'on a cru devoir s'impoſer par de bonnes conſidérations depuis les Mémoires publiés ſur ces Pompes. On ſe renfermera donc à donner ſon avis (s'il eſt demandé) ſur le choix de ces machines d'après les renſeignemens bien circonſtanciés, qui ſeront envoyés à ce ſujet au Directeur de la Manufacture. On ſe chargera même volontiers d'envoyer des petits modeles dans des proportions exactes des machines qu'on eſtimera préférables, de maniere qu'au moyen de ces modeles, elles puiſſent facilement être exécutées en grand ſur les lieux. La Manufacture pourra même en certains cas, ſe charger de les faire exécuter à Paris, pour le compte des Acquéreurs par les ouvriers d'élite qui connoiſſent ces matieres.

Produit de la Machine à manège de chevaux, poſée à la Manufacture des ces Pompes.

La machine à manége de chevaux, montée à la Manufacture, fait ſes vibrations par une roue ondée, dont la compoſition n'eſt pas nouvelle; mais qui étant bien exécutée, eſt préférable aux machines à manège uſitées, qui ſe font par des engrénages ſujets à des dépériſſemens & à des réparations continuelles. Cette roue a ſept ondes, elle tourne horizontalement & fait mouvoir alternativement les leviers de deux Pompes de huit pouces & demi de diametre. Un cheval attelé à douze pieds de l'axe du manége, marchant le pas, fait aiſément trois tours & demi en une minute, pendant laquelle il ſe donne trente-neuf coups de piſton de dix-huit pouces de levée. Son produit, ainſi qu'on le verra plus bas, eſt de deux mille livres d'eau par minute à l'élévation d'environ ſeize pieds.

Les expériences pour comparer les produits d'une Machine à une autre, doivent ſe faire avec d'exactes précautions.

Les perſonnes qui ont beſoin d'élévation d'eau par manége, & qui ſont à portée de meſurer les produits de ceux qu'ils connoiſſent, s'aſſureront aiſément de la grande ſupériorité des produits de celle-ci; mais elles ſont invitées à ſuivre cette comparaiſon de produits par elles-mêmes, & à ne s'en rapporter ni à ce qu'on dit ici du manège de la Manufacture, qu'il faut vérifier par ſes propres yeux, ni à ce que leur diront les gens chargés de la conduite des autres manèges qu'elles examineront. Sans de ſages précautions, on eſt ſouvent dupe de la mauvaiſe foi ou de l'ignorance.

On ne préſente point de réſultat ſur les Pompes qui font l'objet de ces dernières deſcriptions. Ces Pompes à piſton intérieur & à piſton extérieur, étant des Pompes à épuiſement, qui ont les mêmes propriétés que celles pour les Vaiſſeaux, on renvoie au réſultat qui a été donné eu égard aux Pompes de mer, pag. 5. 36. 37 & 38.

Au reſte on trouvera facilement par la table des matières, tous les éclairciſſemens qu'on déſirera ſur les propriétés de ces Pompes à tous les uſages.

On donnera un Tarif imprimé du prix de chaque Pompe.

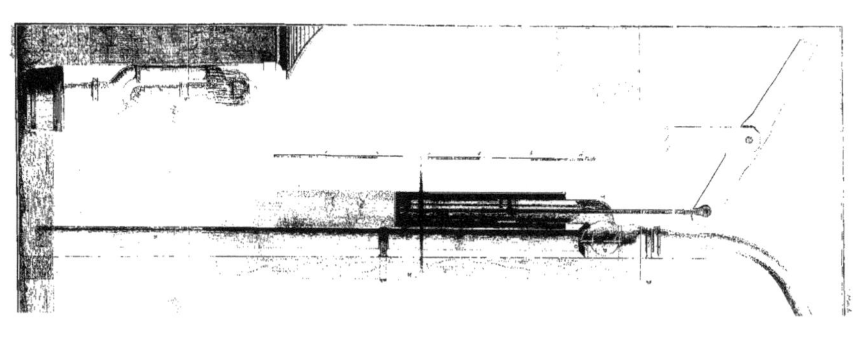

COLONIES.

Ces Pompes peuvent être de la plus grande utilité dans les Colonies. On peut voir ce qui a été dit ſur cet objet dans les Mémoires publiés par la Manufacture en Mars 1765 & en Janvier 1766. Les divers avantages que les Colons peuvent retirer de ces Pompes, y ſont amplement développés; mais il eſt néceſſaire de rectifier ici certaines erreurs qui s'y ſont gliſſées, & de rendre compte de ce qui y a donné lieu.

Obſervations ſur quelques articles inſérés dans le Mémoire de la Manufacture imprimé en 1766.

La premiere de ces erreurs tombe ſur le produit de la machine à manège poſée dans la Manufacture, dont il vient d'être parlé. Lorſque le Mémoire de 1766 a été imprimé, cette Machine venoit d'être finie: on n'en avoit examiné que ſuperficiellement les produits, & dans la crainte de les enfler, on les a portés à la moindre eſtimation apparente. Mais lorſque au mois de Juin ſuivant, le Miniſtre eut donné des ordres, pour que les diverſes Pompes de la Manufacture fuſſent ſcrupuleuſement examinées, on prit des arrangemens plus ſolides. Le dégorgement des Pompes du manège fut baiſſé & réduit à l'élévation d'environ ſeize pieds, eu égard à des convenances du local: il fut fait une jauge de la continence d'une barrique, dans laquelle les divers produits furent vérifiés par le fait. Celui de la machine à manège, mue par un cheval ordinai-

On rectifie ce qui a été dit dans ce Mémoire ſur le produit de ſa Machine à manège, poſée dans la Manufacture.

re marchant le pas, eſt conſtamment au moins de deux mille liv. d'eau par minute, ou de ſoixante-onze pouces d'eau. C'eſt donc par une erreur que le produit n'eſt annoncé que d'environ douze cents liv. ou de 36 à 40 pouces d'eau, dans le Mémoire de 1766, page 7.

Ce qu'on entend par le produit d'un pouce d'eau.

Nota. L'évaluation connue & déterminée du produit d'un pouce d'eau, eſt un écoulement de 14 pintes ou de 28 liv. d'eau en une minute par un orifice quelconque.

Il peut bien y avoir eu auſſi une erreur, en ce qu'il a été dit dans ce même Mémoire page 9, qu'une chute d'environ 36 ou 40 pouces d'eau eſt plus que ſuffiſante pour faire tourner avec activité la roue d'un moulin à ſucre. Cette aſſertion a été annoncée ſur les aſſurances qu'en ont donné ſucceſſivement un grand nombre d'Américains qui ont vu & examiné la chute d'eau de la machine de la Manufacture, & qui l'ont eſtimée plus que ſuffiſante; mais pluſieurs autres Américains qui ont vu par la ſuite cette chute, n'ont pas été du même ſentiment.

C'eſt à MM. les Américains à ſçavoir quelle eſt la quantité d'eau néceſſaire pour faire agir leurs moulins à ſucre, dont la réſiſtance n'eſt pas connue à la Manufacture.

Quoi qu'il en ſoit à cet égard, comme on ne connoît point du tout à la Manufacture la réſiſtance effective de ces moulins, ſur laquelle les Américains ne ſont point d'accord, on va établir ici un point fixe, clair, & non équivoque, qui déterminera la quantité d'eau que ces Pompes peuvent donner par un nombre de mulets à des élévations quelconques; ce ſera à Meſſieurs les Américains à ſe régler là-dessus, & à décider si cette quantité d'eau leur suffira pour faire agir leurs moulins avec l'activité convenable.

Détails circonstanciés de la quantité de pouces d'eau que donneront deux Pompes, par un nombre de mulets ou bœufs à des élévations quelconques.

Ce point fixe est le produit de la machine à manège de la Manufacture, c'est-à-dire, qu'avec un mulet marchant le pas, attelé à 12 pieds de l'axe du manège, & faisant aisément trois tours & demi par minute, on aura pour chute 2000 liv. ou 71 pouces d'eau à l'élévation de 16 à 18 pieds. Avec deux mulets on aura la même quantité à 32 ou 36 pieds d'élévation. On aura la faculté, en employant trois mulets, d'avoir à cette derniere élévation 3000 liv. ou 100 pouces d'eau & plus, parce que la Machine sera disposée de manière qu'alors on pourra faire parcourir à chaque vibration, une moitié en sus de chemin aux pistons, ce qui tiercera le produit.

Les Pompes seront de 10 pouces de diamètre; la course des pistons sera de 14 pouces pour le produit de 71 pouces d'eau; & cette course sera de 21 pouces de chemin pour le produit de 100 pouces d'eau & au-delà.

A mesure des demandes, on fournira des modeles en petits, avec une instruction bien motivée sur la manière d'augmenter au besoin ces produits avec une grande facilité, en augmentant la puissance motrice en même raison.

Quels avantages peuvent donc se proposer les Colons par l'usage de ces Pompes, pour mettre en action les moulins à sucre?

Supposons qu'il faille employer trois mulets ou bœufs pour la chute-d'eau convenable, & que ces animaux, marchant leur pas naturel, ne soutiennent que pendant trois heures ce genre de travail que les chevaux font ici facilement pendant 4 heures: chaque relais de 3 mulets pourra être attelé deux fois & travailler pendant 6 heures dans les 24 heures. Il faudra donc employer 12 mulets à cette besogne; mais supposons-en 16 & même 20, qu'est-ce qu'il en résultera?

Nous ne pouvons rien statuer ici sur la différence du moindre nombre des mulets qui s'employeront par ce moyen, en comparaison de ceux qu'on employe actuellement à faire agir ces moulins. Les rapports des Américains sur cet objet varient à l'infini, sans doute par la variation qui se trouve dans la construction de ces moulins. Les uns ont dit que 30 à 35 mulets suffisoient au service d'un moulin, tandis que d'autres portent ce nombre à 50, 60, 80 & 100.

Quoi qu'il en soit, indépendamment de l'avantage qui résultera de la différence du nombre de ces animaux, qui ne peut qu'être très-considérable; il y aura encore l'avantage réel de leur service modéré en marchant le pas, au lieu du service forcé qu'ils font actuellement en trottant & galoppant: service qui les ruine, qui les extenue bientôt, & par lequel ils n'ont pas à beaucoup près la puissance de ceux qui marchent tranquillement leur pas naturel; c'est aux Colons intelligens à examiner & calculer

calculer jusqu'où peut être porté le bénéfice qu'ils retireront de ces avantages, après s'être bien assurés, comme nous l'avons dit plus haut, de la quantité d'eau qui leur est nécessaire.

Utilités de ces Pompes pour l'arrosement des plantations dans les Colonies.

On n'ajoute rien ici à ce qui a été dit dans les Mémoires imprimés concernant l'usage de ces Pompes pour les arrosemens des plantations : on observe seulement, que comme l'élévation de l'eau pour ce service sera toujours vraisemblablement bien moindre que pour la porter sur la grande roue des moulins : la puissance motrice sera diminuée en même raison, & qu'un seul mulet pourra suffire pour remplir cet objet intéressant dans les Colonies.

CONCLUSION.

On croit avoir suffisamment prouvé dans cet ouvrage concis, 1°. combien il est intéressant pour l'Etat, pour l'humanité, pour le bien public, d'avoir des Pompes d'un produit abondant & d'un service assuré, sur-tout dans la partie de la marine & des incendies.

2°. Que ces propriétés ne peuvent jamais exister dans des Pompes garnies de cuirs & ayant des étranglemens d'eau, telles que l'ont été nécessairement, par la nature de leur construction, les Pompes dont on s'est servi jusqu'à présent.

3°. Que la découverte des nouvelles Pompes sans garniture de cuirs & sans étranglement d'eau, rectifie & prévient nécessairement tous les inconvéniens des Pompes ordinaires par la ſeule forme qu'on a donnée à celles-ci, au moyen des machines particulières inventées à cet effet.

4°. Qu'enfin leur uſage eſt économique, d'une durée preſque inaltérable, leur ſervice ſans embarras, ſans entretien, & que ce genre de machines a atteint la plus grande perfection poſſible.

5°. Quels agrémens le Citoyen ne tirera-t-il pas des petites Pompes d'un prix modique, propoſées pour les puits des maiſons, ainſi que des petites Pompes à brouette, propres aux incendies, aux arroſemens, &c.

La Société, qui a ſupporté patiemment juſqu'à ce jour, les déſagrémens des anciennes Pompes, parce qu'elle les a crû & qu'elle a dû naturellement les croire les meilleures Pompes poſſibles, ſentira bientôt combien il eſt avantageux qu'on ait trouvé l'heureuſe poſſibilité de faire des Pompes ſans cuirs & ſans étranglement d'eau.

FIN.

TABLE

DES MATIERES.

Fin de la Table.

APPROBATION.

J'AI lu par ordre de Monseigneur le Vice-Chancelier un Manuſcrit qui a pour titre : *Deſcriptions, Propriétés & Figures gravées en taille-douce, des nouvelles Pompes ſans cuirs de M. DARLES DE LINIERE.* Je penſe que le Public verra avec plaiſir la Deſcription de ces Machines, dont les avantages ont été conſtatés par un très-grand nombre d'expériences. A Paris, le 10 Septembre 1768.

Signé BÉZOUT.

AVIS AUX RELIEURS.

LES Planches premières & secondes doivent êtr placées après la page 38.

Les Planches 3, 4, 5 & 6 doivent être placée après la page 60.

La Planche septième doit être placée après l page 76.

FAUTES A CORRIGER.

PAGE 32, ligne 14, Pompe, *lisez*, soupape.
Page 44, ligne 19, *lisez*, 160 livres d'eau p minute.

www.ingramcontent.com/pod-product-compliance
Lightning Source LLC
Chambersburg PA
CBHW071221200326
41519CB00018B/5623

* 9 7 8 2 0 1 3 5 1 0 4 7 9 *